育儿宝典（2~3岁）

朱华 马丽蓉 主编

全方位指导

MAMA YU'ER BIBEI SHOUCE

妈妈育儿必备手册

内蒙古科学技术出版社

图书在版编目（CIP）数据

育儿宝典. 2~3岁 / 朱华, 马丽蓉主编. — 赤峰：内蒙古科学技术出版社，2021. 5
（妈妈育儿必备手册）
ISBN 978-7-5380-3317-5

Ⅰ. ①育… Ⅱ. ①朱… ②马… Ⅲ. ①婴幼儿—哺育—基本知识 Ⅳ. ①TS976.31

中国版本图书馆CIP数据核字（2021）第087655号

YU'ER BAODIAN（2~3 SUI）
育 儿 宝 典（2~3岁）

主　　编：朱　华　马丽蓉
责任编辑：马洪利
封面设计：永　胜
出版发行：内蒙古科学技术出版社
地　　址：赤峰市红山区哈达街南一段4号
网　　址：www.nm-kj.cn
邮购电话：0476-5888970
排　　版：赤峰市阿金奈图文制作有限责任公司
印　　刷：三河市华东印刷有限公司
字　　数：316千
开　　本：700mm × 1010mm　1/16
印　　张：18.5
版　　次：2021年5月第1版
印　　次：2021年5月第1次印刷
书　　号：ISBN 978-7-5380-3317-5
定　　价：40.00元

如出现印装质量问题，请与我社联系。电话：0476-5888926　5888917

编委会

前　言

做父母的都希望有一个身体健康、智力超群、具有良好社会适应能力的可爱的宝宝。这不仅关系到每个家庭的切身利益，而且关系到我国全民素质的提升。因此，实现优生和优育已成为引起全社会重视的问题。

孕育一个健康聪明的宝宝，要有一个良好的开端。怀孕之前，每对夫妻都要给自己预留出一段时间进行饮食调整，保证充足均衡的营养；要坚持锻炼身体，提高自身的抵抗力；要防治疾病，保证身体健康；要戒除一切不良的生活习惯，确保身心处于最佳状态。

从怀孕到宝宝的出生，是胎宝宝发育的关键时期。作为准父母，要注意胎儿及自身的营养与保健，避免情绪波动，消除外界不良因素，平平安安度过妊娠期。需要说明的一点是，妊娠期间的胎教是绝不能忽视的。对胎儿实施定期定时的各种有益刺激，可促进胎儿大脑皮层感觉中枢更快发育，有助于宝宝今后的发育和智力开发。

0~3岁，是宝宝发育的重要时期。每个月的宝宝都有着各自的特点，都需要进行特殊的喂养、护理和教育。因此，对众多年轻父母非常关心的问题，如宝宝偏食、宝宝不喜欢喝牛奶、何时给宝宝断奶等，我们都一一做了详细的解答。关于如何对宝宝进行早期教育，我们也给出了多种方案。

本丛书共五册，包括《妊娠宝典》《胎教宝典》《育儿宝典（0~1岁）》《育儿宝典（1~2岁）》《育儿宝典（2~3岁）》，集妊娠、胎教、分娩、育儿知识于一身，图文双解，通俗易懂，生动形象，科学实用，非常适合现代准父母阅读使用。

目 录

育儿方法
尽在码中
看宝宝辅食攻略，
抓婴儿护理细节。

PART 1 2岁1月至2岁3月

PART③ 2岁7月至2岁9月

PART 1

2岁1月至2岁3月

此阶段宝宝正常体重为12~12.7千克，身长88~90厘米，出牙16~20颗。

宝宝的自理能力增强了，能自己穿脱有松紧带的裤子，也会穿鞋子，并且知道一些日常用品的用途，可以双脚交替着上楼梯；知道早晨起床，晚上睡觉，能及时上厕所；可以用勺子吃饭。手上的能力也有了很大提高，能用积木造房子；喜欢把所有能够拆卸的玩具拆分开，探究内部结构；对发声玩具，宝宝更感兴趣。

宝宝开始有了自我意识，常坚持自己的意见，并主动要求做事。能说出自己的姓名、年龄，会背几句儿歌。对空间的理解力增强，有了里外、前后、长短等概念的区别，并对圆形、方形、三角形等有了初步认识。

第一章 2岁1月

◎ 2岁宝宝的年龄特点

◎ 让2岁的宝宝自己走路

◎ 斜视对宝宝身心的影响

◎ 让宝宝学习做家务

◎ 宝宝基础智能培养

2岁宝宝心理健康标准指南

这时的宝宝应具有正常的想象力。心理健康的宝宝应有与年龄相符的智力水平和相应的表达能力及正常行为，在感知、记忆、想象、思维、语言等方面的表现都符合其年龄特点。

心理健康的宝宝能较快、较好地适应变化了的人际环境、心理环境。活泼开朗，对人热情诚恳，经常保持心情愉快，积极情绪多于消极情绪。也能和其他宝宝一起做游戏，并可与多数宝宝建立良好的关系，在与他人相处时积极的态度和体验占主导地位。

心理健康的宝宝，其心理活动与大多数儿童的心理活动大致相同。

关于宝宝的优教意识

作为第一任教师的父母，应该具有必备的意识：宝宝一出生，就成为独立的个体，不论他多么小，也要想到他是个独立的人，要从小培养宝宝的独立意识。如果2岁的宝宝自己拖着小木车行走，父母不要阻止他，而应鼓励他，让他走得更快、更远、更稳。

千万不要对宝宝说“太笨了，真没用”等伤宝宝自尊心的话，而要说：“宝宝真行，完全可以做得更好！”即使宝宝遭遇挫折、失败，也要理解、信任宝宝。不要

小贴士

对宝宝未来的设计，要体现时代特征，符合社会发展趋势，同时考虑宝宝对某种事物的爱好。父母切不可一厢情愿地从功利、实惠或补偿（如“出于某些原因，我没有接受高等教育，我的宝宝一定要读博士”）的角度出发，为宝宝设计一个脱离实际的模式。

在宝宝面前叹气，而要拍他的肩膀，给他勇气。

更要把握锻炼宝宝的时机，不迁就，不姑息，不过分保护。当2岁的宝宝摔倒时，父母不必去扶他，要鼓励宝宝自己站起来，以锻炼他的勇敢精神和面对挫折的心理承受力。

帮助宝宝学会忍耐和克服困难，不要埋怨环境和挑剔宝宝不如别人，而要从自己做起去鼓励孩子。

2岁宝宝的年龄特点

2岁的宝宝喜欢探索，容易兴奋，脾气也易暴躁。下面介绍一下他们的发展特点。

动作的发展

（1）2岁的宝宝会吹泡泡。

（2）可以跑得很好了，但有时还会摔倒，并且有时摔倒也不哭。

（3）2岁的宝宝可以更长时间不小便，能从矮台阶跳下去，会用剪刀剪去纸张的一角，但还不能剪一条直线，喜欢坐在秋千上让人推着玩，喜欢用笔乱涂乱画，开始用脚尖走路，经常使用一只手活动。

认知能力的发展

（1）2岁的宝宝能理解轻和重、快和慢。

（2）开始经常用语言向成人表述一些事情，但发音、用词、造句还不标准，成人可能还听不明白宝宝的意思。

（3）自我意识出现，开始把“我”与物分开，但仍认为其他宝宝是物体。有时，会打或拉其他宝宝，看他们的反应。

语言能力的发展

（1）宝宝在独自玩耍时，会对玩具说话。

（2）能说出许多新的词语，但并不能真正理解这些词语的含义。

（3）会说两三个字的句子，比如“宝宝做的”和“一双手、两只脚”等。

（4）会用“我”、“自己”和“你”，但经常会用错。

（5）会哼唱有字或无字的歌。

社会行为的发展

（1）2岁的宝宝在玩耍时，会模仿成人的所作所为。

（2）喜欢听电话，但还不会打电话。

（3）会从梦中惊醒。

（4）喜欢抱紧被子，使自己觉得安全。

（5）喜欢接近别的宝宝，但还不能很好地与他们玩。

2岁宝宝春季的衣食住行

春季的天气多风，冷热温差大，此时宝宝的身体如果不适应外界环境的变化，就会发生疾病。因此，注意宝宝春天的护理，对预防疾病及健康成长是非常必要的。

衣

《春季摄生消息论》说：“天气寒暑不一，不可顿去棉衣。”宝宝身体单薄，脏腑娇嫩，父母不要因气温回升，马上就给宝宝脱去棉衣；应根据天气变化而变换衣服，注意防寒保暖，避免感冒。

食

春天在饮食上应荤素搭配，多吃含蛋白质食物（如瘦肉等）以及含维生素多的新鲜蔬菜和水果。“春宜食凉”，可多吃梨、萝卜等，不宜多吃辛辣、油腻及热量较高的食品，如辣椒、肥肉、巧克力等。

住

宝宝的居室内应保持清洁，注意室内通风，使空气新鲜。如果室内空气污浊，光线较暗，卫生条件较差，会有利于病毒、病菌的滋生繁殖，给宝宝正常生长发育带来危害。

行

春天气温渐升，应鼓励宝宝多到室外参加活动，锻炼身体，以增强体质。春季是传染病的易发季节，不要带宝宝去商场、影剧院等公共场所，更不应带宝宝去看病人。

让2岁的宝宝自己走路

2岁的宝宝走路已经走得较好，可是每次外出时，宝宝还是要人抱，如何让宝宝自己下来走路呢？

比赛

人行道上的水泥地是一块一块的，有一道道横线，可以让宝宝和父母站在同一道横线内，以前几道横线为终点，进行赛跑。为了鼓励宝宝向前跑，父母可故意落在宝宝后面一点儿，让宝宝觉得自己能干。通过这种游戏，宝宝会慢慢养成自己走路的好习惯。

捡落叶或小石子

路面上经常有许多落叶或小石子，父母应让宝宝边走边捡。还可以和宝宝进行扔石头比赛，看谁扔得远，再跑到前边去找各自扔的石头（但应注意不要在人多的地方扔）。

数数

带宝宝走路时，可以教他数路边的电线杆或树。这样既教宝宝学习事物的分类和数的概念，也使宝宝不再缠着大人抱。

小贴士

让宝宝自己走路的方法可以交叉使用，效果会很好。宝宝多不再吵闹要抱，在不知不觉中达到了目的，既做了游戏，长了知识，又减轻了大人的负担，还培养了宝宝从小吃苦耐劳的精神，也锻炼了孩子腿部肌肉。如果宝宝太累时，还是要抱或背他一程。在运用扔石子、赛跑方法时必须注意安全，不要伤着自己或他人。

2岁的宝宝应与父母分床睡

宝宝与父母分床，是个体生活经历中的一次转折，心理上的一些动荡是难以避免的。通常，分床后宝宝可能有以下表现：

（1）分床睡时宝宝会有孤独感和恐惧感。分床前，父母的抚慰和身体接触使宝宝有一种安全感。一旦分床，宝宝会产生一种失去庇护的孤独感。若遇上刮风下雨的坏天气或受惊吓，常常会出现较强的恐惧感。表现为入睡困难，寻求各种借口拖住父母，不愿分开。

（2）宝宝会有被冷落感和遗弃感。这个时期的宝宝自我中心意识相当强烈。倘若分床，宝宝会认为父母不再爱他了，有一种被冷落和被遗弃的感觉。表现出烦躁、焦虑、情感脆弱，常借故哭闹。

（3）宝宝会有不公平感。分床时宝宝会问：“为什么你们还住在一起？”宝宝认为父母偏心，不公平。于是故意恼气，挑起事端，甚至敌视父母，把父母搞得哭笑不得。

以上这些反应怎样消除或避免呢？

（1）分床前，要让宝宝懂得：分床独睡说明宝宝长大了，就像小动物长大要离开爸爸、妈妈自个去找吃的东西，找睡的地方一样。

（2）通过和宝宝一起美化布置住处，使其树立有自己的床和被子等明确的主体意识；也可以引导宝宝参观其他已与父母分床的小朋友的住处，激励宝宝模仿。

小贴士

分床初始宝宝尚不完全适应，父母应尽量增加和宝宝相处的时间，满足他的合理要求。如入睡前讲故事，半夜勤照看宝宝，早上起来相互问好并帮助、指导穿衣。一些可爱的小布娃娃或小动物可作为宝宝的睡伴，对宝宝孤独的心理是一个小小的补偿。

很多宝宝和父母分不开，与其生活自理能力差有关。可让宝宝学习自己穿衣、解便、整理住处等，培养宝宝自己照顾自己的生活技能和习惯。

什么是斜视

斜视就是人们常说的“斜眼”。正常人的两眼看东西时，无论物体位于远处、近处或眼前任何位置，两眼的目光应该是平行的，同时注视同一目标，两个眼球的位置是正的。倘若仅一只眼注视所看的东西，而另一只眼的目光却偏向它的旁边，则称之为斜视。初生数周的宝宝，因两眼缺乏注视能力，可有暂时性的斜视。通常到了6个月时就会发育良好，不再有斜视。宝宝到了5～6岁时，一般视力已经发育成熟。

宝宝的隐性斜视

隐性斜视是一种潜在的眼位偏斜，宝宝平时两眼看东西时，看不出眼球位置的不正，只有通过特殊检查方法才能发现。但很多宝宝可出现眼部症状，表现为在较强的光线下畏光，喜欢房间里挂窗帘、戴变色镜，经常头痛；在看近处东西后，抬头再看远处的物体模糊，接着改看近物时也是同样表现；不少宝宝是在两眼疲劳时把一个物体看成两个物体，待疲劳缓解后这种情况消失；也有些宝宝若看东西时间久了，别人就会发现他的眼睛出现斜视，但随着看东西时间的缩短而斜视消失。由于神经反射，可有恶心、呕吐、眼结膜充血、失眠等症状。

斜视对宝宝身心的影响

（1）引起弱视。因一只眼斜视，看同一个东西时便会在成像的视网膜上有两个影像，造成复视。此时，宝宝的大脑就会自动把因斜视传到大脑的影像抑制，时间久了，宝宝的视力便不会随着年龄发育，逐渐发展为弱视。

（2）宝宝经常歪头看东西可导致斜颈，还可发生仰头、缩肩等不良姿势。

（3）因外观上不美观经常被别的小朋友讥笑，从而产生自卑、退缩和孤僻的性格，不愿和小朋友一起玩游戏，不愿参加社会活动，同时宝宝学东西的能力也比其他小朋友要稍逊一筹。斜眼的样子有时也会令别人不喜欢，让人产生不把对方放在眼里的错觉，以致影响与人的交往。

如何及早察觉幼儿斜视

有的宝宝斜视在外观上一眼就可看出，而有些宝宝表现得并不明显或根本看不出，但斜视如果能及早发现并在最佳时间内进行治疗，将对宝宝的一生非常重要。倘若发展成弱视，看东西时就会没有立体感，而没有立体感的眼睛今后无法做较精细的工作，还可能被快节奏的现代社会所淘汰。如果宝宝有以下情况时家长切不可掉以轻心：

小贴士

怎样把握治疗宝宝斜视的最佳时机？

宝宝患斜视，应及时去看医生，治疗效果年龄越小越好。若是在3岁以前矫正，便能使两眼的视功能达到正常水平。一旦视力发育成熟，手术治疗效果常常欠佳。

为了保证宝宝拥有健康的视力，即使眼睛没有明显的异常，家长也应在宝宝3岁之前带他去眼科医生那里，做一次眼睛检查，以便尽早发现那些不易察觉的斜视和弱视，避免丧失最佳治疗时机。

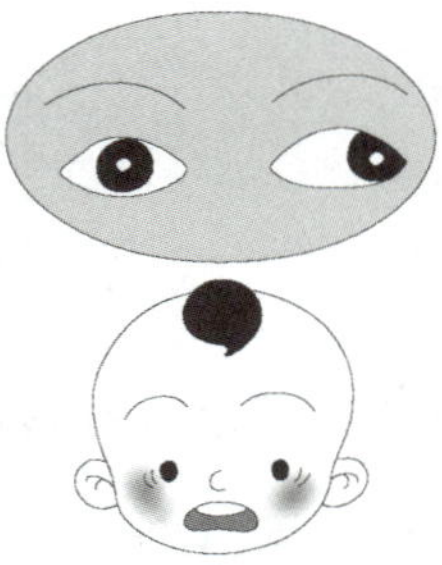

（1）发现宝宝经常过度地揉眼睛。

（2）看东西时总是闭上一只眼睛，歪头或转动头。

（3）眨眼次数多，常常被小东西绊倒。

（4）看东西时与物体靠得很近，不能看清近处或远处的物体。

（5）宝宝总抱怨自己看不清东西，看东西有重影（复视），看近处的东西时想吐。

宝宝怕打针时怎么办

作为父母，帮助宝宝克服极端恐惧是很重要的，因为这种恐惧会给治疗增加困难，宝宝还可能把它带进成年期。

提供事实

许多宝宝并不知道血液可以自动凝固，不会因为打了一针就流血不止。告诉宝宝他们的身体大约循环着4升血液，血液将注射进来的药带到身体患病的部位。若是宝宝因化验必须抽血，要向宝宝解释清楚抽血的目的，抽多少血，以及人体的造血机能。

不少宝宝以为打针和被刺伤是一回事。医生可以用橘子做示范，告诉宝宝针只扎进皮肤一点点儿，宝宝就不再害怕了。

告诉宝宝打针需要多长时间

有些宝宝认为打针要用很长时间，必须要让宝宝对打针有个时间概念。只要在宝宝打针时给他数数，就能让宝宝轻松地度过“永无止境”的时间。

让宝宝保持安静

放松的技巧是关键。告诉宝宝，只要他能做到肌肉放松就可以减轻注射时和注射后的疼痛。教宝宝在打针之前、之中及之后做深呼吸和慢吐气的运动，同时不停地默念暗示语“放松”。

让宝宝转移注意力

家长在告诉宝宝希望他做什么事情后，提醒宝宝想想这种情况：他在聚精会神地看电视时，很可能听不到爸爸、妈妈在喊他或电话铃响，告诉宝宝这个规律在医院里也适用。向宝宝提一些可以分散他的视觉或听觉的建议：不去看打针的地方，而是琢磨医生办公室的用处；读书、听音乐，数天花板上的拼图等办法对许多宝宝都有用。

训练放松的呼吸技巧

呼吸训练是放松练习的一个十分重要的方面，它极大地影响着放松的水平。其方法如下：

让宝宝快速地呼吸，就像被老虎吓坏了一样。

让宝宝呼吸10次，不要再多，然后问：“感觉怎么样？是不是头晕和浑身无力？”这就是宝宝在害怕或紧张时的感觉。有时宝宝的不舒服感觉比这还厉害。

让宝宝平躺下来，躺舒服些，心里要保持平静。闭上眼睛，把一只手放在胸前，另一只手放在肚子上。然后，呼气、吸气，妈妈数拍子时宝宝吸气，屏住呼吸，等妈妈再数拍子时宝宝就呼气。（逐渐延长拍子，吸气四拍，停顿两拍，然后慢慢呼气四拍，再停顿两拍，循环往复）“吸气，1、2、3、4；停，1、2；呼气，1、2、3、4；停，1、2；吸气，1、2、3、4…”宝宝呼气时要默念“放松”。想象一架飞机在蓝天中喷着白烟，写出“放松”这两个很大的字。

一直保持十分缓慢地吸气、呼气。注意感觉自己放在胸部和腹部的手，看哪只手的起伏更大。尽量把气吸进腹部，就像给皮球充气一样。呼气时轻轻地压腹部，让它像放了气的皮球。

让宝宝练习，一直练到宝宝呼气时不必用手压腹部，就能感到腹部瘪下去又自己鼓起来。很快，宝宝可以让放在腹部的手比放在胸部的手起伏更大。这一练习可能要进行若干天才能掌握。妈妈要有耐心，奖励宝宝的进步。练习时间以宝宝不感到厌烦为限。

现在宝宝已经知道怎样躺着放松地呼吸了，让我们坐在椅子上试试。记往呼气时低声说：“放松……做得不错。”

用数拍子的方法辅助宝宝练习呼吸，要每天练习几次，当需要时宝宝就可以运用这个技巧了。

宝宝学会了呼吸技巧后，嘱咐宝宝在紧张或不安时做呼吸练习，要记录宝宝练习的次数，也可以要求宝宝自己保存记录本。

注意用表扬或奖励强化练习，还可以同宝宝约定一个特殊的信号，这样妈妈可以悄悄地提醒宝宝做放松练习，如妈妈可以揪一下宝宝的耳朵或讲一句暗语。同时要对宝宝能够越来越多地运用放松技巧进行表扬。

让宝宝学习做家务

适合2~3岁宝宝做的家务：

把勺子放进洗碗池。

帮助喂养小动物。

收拾玩具。

擦桌子。

擦干打不碎的盘子。

用小扫把扫地。

取报纸。

拖小块地。

倒小罐牛奶。

起床时叠好被子。

刷牙洗脸，穿衣脱衣。

擦家具上的灰尘。

在花园拔草。

叠餐巾。

把衣服放进洗衣机。

擦镜子（父母喷水）。

做饭时帮助搅拌。

整理杂志、沙发垫。

父母在督促宝宝学习以上劳动技能时，必须要耐心地指导。同时，运用以下方面帮助宝宝学习做家务的小窍门。

厨房

画一张餐桌布置的图表，把它放在桌子附近，以便宝宝布置时参考。

给宝宝准备凳子、小海绵和抹布。

卧室

可以让宝宝睡在床上的睡袋中，这样易于整理，宝宝只要把睡袋拉直就行了。

把衣服的图片贴在存放这些衣服的抽屉上。卧室中准备放脏衣服的篮子。把浴巾挂在宝宝容易拿到的地方。

玩具

不要给宝宝买昂贵的玩具。塑料杯、旧包装盒之类的东西当玩具都可以，这些有助于发展宝宝的手部运动技能，为劳动做准备。

减少容易造成凌乱的旋转玩具。一个月或者半年的时间，应只允许宝宝玩其中一半的玩具。已损坏或者不用的玩具要及时处理掉。

为了便于整理，应该多用几个小箱子存放玩具，而不应把玩具杂乱地存放在一个大箱子里。用开口较大的箱子装玩具，并在箱子外贴上所装玩具（球、积木、汽车等）的图片。

用有拉链的塑料袋装单个的木制拼图。

用小铁皮盒子装木制积木，不但容易搬动，容易装满，而且可以容纳许多积木。

用帆布袋装玩具，并把背袋挂在宝宝房间中较低的钩子上。

另外，明智的父母能把做家务和游戏有机地结合起来。以下是宝宝打扫卫生时做的游戏：

颜色和形状：“让我们捡起红色的玩具，现在捡蓝色的。”“我们先收拾所有正方形和长方形的玩具，再收拾圆形的。”

观察者游戏：“宝宝把10件东西放好，让妈妈看看能不能按顺序记住。宝宝放了一个球，一辆卡车，一个洋娃娃……”

跟妈妈做：“宝宝整理床的这边，妈妈整理另一边。”“妈妈擦地，宝宝吸尘。”“妈妈清理厕所时，宝宝擦镜子。”一起干活时，讲几则笑话。

父母分配宝宝干活后离开房间，过一会儿出其不意地返回，看宝宝能干多少活。可以说：“妈妈想让宝宝大吃一惊，下次回来，宝宝能干好吗？”这样做是为了督促宝宝尽快干完家务活。

宝宝做事不专注时的正确指导

（1）应坦然地理解和接受，以一句轻松、幽默的话提醒宝宝回到应该做的事情上来。

（2）多给宝宝一些自由玩乐的时间。让宝宝灵活选择自己喜欢的、感兴趣的事情，不但满足了宝宝的好奇心，还可以使宝宝保持比较持久的注意力。

（3）和宝宝说话的时候，让宝宝看着父母。有的父母喜欢一边做自己的事情，一边向宝宝交代让他做的事，以为这样可以节省时间，结果却事与愿违。

（4）倘若每次只让宝宝做一件事情，简简单单，宝宝就不容易半途而废。

（5）对宝宝讲话不能太复杂，应直接明确地表达意思，如“换件干净衣服”“帮妈妈拿个碗来”。

小贴士

对宝宝构成心理伤害的言行有哪些？

恶言：傻瓜、说谎、无用的东西。

侮辱：简直是个废物。

责备：又做了错事，真是坏透了。

压抑：住嘴！你怎么就不听话呢？

强迫：我说不行就不行。

威胁：再也不管你了，随你的便好了。

哀求：求求你别再这样做好吗？

抱怨：做这种事，真让我伤心透了。

讽刺：可真行，竟能做出这种事。

宝宝基础智能培养

踩风铃的影子

培养目的：

提高宝宝灵活控制身体的能力，增强宝宝腿部的弹跳能力，发展身体动作的协调性。

内容：

（1）父母将一串风铃绑在竹竿上面，站在太阳光或灯光下，让宝宝去踩影子。

（2）在宝宝踩的过程中，父母可不断地晃动竹竿，这样宝宝就得不断地跳来跳去。父母可以从慢慢地晃动到快一点，让宝宝的跳跃运动不断加快。

父母注意让宝宝踩到影子，并且适当地变换影子，适当地提高游戏活动的难度。一般安排在宝宝能比较轻松地做双脚向上纵跳的动作以后进行。

让宝宝穿大鞋走路

培养目的：

（1）帮助宝宝获得与平时自己行走不同的感受，发展宝宝控制身体的能力，同时，也能帮助宝宝形成有关“大”与“小”，“重”与“轻”的概念。

（2）发展宝宝的平衡感觉。

内容：

（1）在父母和宝宝都上床的情况下，爸爸或妈妈可让宝宝帮大人去拿一件东西，并示意宝宝穿上妈妈的高跟鞋，或爸爸的大拖鞋。

（2）在拿到东西后，让宝宝站在地上把自己穿的父母的鞋与自己的小鞋比一比，看一看谁的鞋大，谁的鞋小，拎一拎谁的鞋重，谁的鞋轻，逐渐帮助宝宝形成初步的概念。

小飞机飞了

培养目的：

锻炼宝宝手臂的关节和肌肉，发展宝宝手臂的投掷能力。

内容：

（1）父母用废旧报纸或其他各种颜色的纸叠成小鸟、小天鹅、小飞机等。

（2）父母先拿起这些纸折的小动物，仔细地给宝宝讲述它们飞起来的动作。

（3）让宝宝也拿一只鸟，模仿父母的动作投掷，前几次宝宝掌握不好角度，父母要耐心地手把手教，直到宝宝学会为止。

在宝宝学会以后，父母可以和宝宝一起玩掷飞机的游戏，看谁的飞机飞得又高又远。

骑板凳式木马

培养目的：

培养宝宝控制物体及控制身体动作的能力，提高动作的协调性和灵活性，锻炼宝宝腰部的力量。

内容：

（1）让宝宝拿一小靠背椅子，最好是木头的，宝宝坐在上面把它当马骑。

（2）在骑的过程中，一蹦一蹦的要有节奏感，父母可设置一些小皮球、玩具车等作为障碍物。

父母可以教宝宝学习骑小三轮车来代替这个游戏，学会两脚绕圈地蹬踩脚踏板以及灵活掌握小车的车把。

蹦蹦跑

培养目的：锻炼宝宝身体动作的协调性及平衡能力。

内容：

（1）将一只中等大小的球放在宝宝两腿间，让宝宝用两腿夹住球，尽可能不要让球掉落下来。

（2）在宝宝学会夹球走路之后，父母可再教宝宝学习一边用腿夹着球，一边做向前跳跃的动作或者向前走动的动作，尽可能不要让球掉落下来。

（3）父母可以和宝宝比赛，看谁夹球的时间长，看谁能夹球走过或跳过规定的距离。游戏活动还可以与其他的球类游戏结合起来进行，如一会儿抛抛球、踢踢球，一会儿夹球走走、跳跳。

积木房子

培养目的：

训练宝宝手的能力，加强灵活性，促进宝宝的思维发展。

内容：

（1）教宝宝用12块积木堆成房子的样子。

（2）教会宝宝注意积木之间的重心，使每一块积木都可以放得稳。

（3）父母要细心示范，让宝宝仔细观察。

要注意教会宝宝将积木的四个面砌正，这样才会摆得高、摆得稳。在堆的过程中，注意不要让宝宝用手去推、去碰已堆好的样式。若宝宝堆出新的样式，父母要给予热情的鼓励。

传球

培养目的：

（1）锻炼宝宝半蹲的动作、腰部的灵活性。

（2）训练宝宝跳跃的能力，使宝宝在跳的同时脚底下要稳。

（3）培养宝宝动作与视觉的协调程度，训练视觉的灵敏性。

内容：

（1）父母同宝宝距离1米，滚过去球让宝宝学着接。球因为与地面摩擦已经减速，使宝宝容易移动身体把球拾起来，然后向父母滚过去。等宝宝能准确接到滚过来的球后，父母可渐渐加大与宝宝的距离，使宝宝能够接到离自己有一段距离的滚过来的球。

（2）父母站在距宝宝1~1.5米处先把球扔到地面，让宝宝接反跳过来的

球。练习多次以后，宝宝就能准确地接住反跳过来的球。

（3）父母在距宝宝1米处先把球扔到宝宝胸前，扔的劲儿不要太大，以便于宝宝接住。然后，渐渐增大二人间的距离。训练到一定程度，让宝宝转动着身体去接。

宝宝在学会同父母玩接球以后，在幼儿园也可以和小朋友一块儿玩，互相抛球、接球，又追球、抢球，使身体动作灵敏，肌肉发达。

宝宝拼图

培养目的：

（1）练习手眼协调的能力，培养宝宝从局部到整体的知觉能力。

（2）了解事物的名称，从认识事物的局部到认识事物的整体。

内容：

（1）父母可以选择宝宝经常看到的图片，熟悉图中事物的各个部分。比如选择几张贺年卡，用硬纸板将后面加厚。

（2）将贺年卡上主要人物或物品的重要部位分开，使图片成为几部分。

（3）先取分成两片的图片让宝宝试拼，然后再将所有图片完全混合，让宝宝自己将每一种图片拼好。

选择图片时应注意，适宜选用一图一物或图中以一物为主，又一物为辅。太繁杂的图形宝宝不易辨认，无法拼图。

第二章

2岁2月

育儿方法
尽在码中
看宝宝辅食攻略，
抓婴儿护理细节。

◎ 宝宝的饮食习惯与能力培养
◎ 宝宝的第一次反抗期
◎ 怎样帮助宝宝发泄
◎ 宝宝的记忆力训练
◎ 要从小培养宝宝良好的个性
◎ 预防宝宝肥胖

宝宝早期养育方式与性格导向

专家认为，儿童性格形成的起源是婴儿期的生活习惯，而形成某种习惯则取决于抚养人的养育方式。早期的养育方式对儿童性格形成的深刻影响还未能引起人们的足够注意。父母常常抱怨自己的宝宝天生胆小、天生娇气爱哭，却没有意识到恰恰是父母自己无意中以错误育儿方式养成了宝宝的这些毛病。培养良好的性格品质应该从零岁抓起，从建立良好的生活习惯着手。这些先入为主的习惯就是宝宝日后的习性。

从宝宝出生起，就应通过诸如睡眠安排、饮食安排、排泄训练、自理能力训练等着手培养宝宝良好的生活习惯。

父母所表现出的情感交往方式，直接影响着宝宝的性格。父母的情感态度对宝宝性格的导向作用非常明显。现代父母的情感流露比以往具有更高的频度、强度及显露度，这也是弱化宝宝性格的重要原因。由于父母情感的过度流露，宝宝在娇宠中变得批评不得，甚至父母声音稍高一点儿时，宝宝也会因此受惊而大哭不止，显示出极度脆弱的性格特征。娇气软弱的宝宝多缺乏足够的心理承受力，如果在非家庭环境中受到挫折，容易出现心理障碍。

培养宝宝良好的个性品质，不仅要从生活习惯抓起，还应从身体锻炼抓起。许多父母把宝宝的身体健康寄托在各种入口的食品与药品上，而不是让宝宝在阳光、新鲜空气和水中锻炼身体，以提高自身的抵抗力

小贴士

父母过度担心的心理状态通过面部表情及言行举止显露出来，对宝宝起到消极的暗示作用。不少父母在宝宝想参加某项活动之前，就向宝宝列举自己的种种担心，从而使宝宝产生了恐惧心理，并因此畏缩不前。年龄越小的宝宝越易受暗示，父母的性格特点极易通过早期的生活途径，以心理暗示的方式传递给宝宝。

与免疫力，弄得宝宝生病多。而体弱多病与性格懦弱之间有一定的内在关联，因为病儿会受到父母更细心的照顾和宠爱，因此使病弱的身体成为助长软弱性格的温床。重饮食轻锻炼的育儿方式，使宝宝的性格具有明显的惰性特征，身体上的惰性表现为好吃懒做、好静懒动；精神上的惰性表现为缺乏靠自身能力解决问题的内在动力。

宝宝缺乏良好性格的根源在于父母的过度保护与过度照顾。这种“过度症”表现在各个方面，如让宝宝吃穿过多，替宝宝包办过多，对宝宝的正常活动限制过多，对宝宝宠爱的情感流露过多等。父母过度保护的心理根源，则是出于对宝宝的过度担心。基于这些担心与忧虑导致了采取具有“过度”特征的养育方式。

良好的性格是在宝宝参与实际生活中锻炼出来的，如胆量、意志力、独立性和自信心等性格品质，都是在经历危险、挫折以及困难的过程中慢慢培养起来的。过度保护型的养育方式却剥夺了宝宝经历这一切的机会。父母科学的早期养育方式对孩子的性格有着极其深远的影响。

从性格培养来看，父母最该学习的便是如何巧妙地、合理地为宝宝提供经历各种困难的机会，以便帮助宝宝建立起个人的力量，用以解决各年龄阶段所面临的自身问题。

怎样及早发现宝宝的天赋

通常，3岁以前是人生一切智力潜能早期开发的最关键时期。一个孩子有无特殊智能，常常在3岁以前就初见端倪。

具有特殊智能的宝宝在婴儿期有以下特征：具有音乐智能的宝宝，满月后对各种物体的声音，如钟摆声、洗衣机声、摇铃声等很感兴趣，听到音乐会立即不再哭闹。发音比同龄宝宝较早，手指较长，尤其是食指和无名指。周岁左右能全神贯注地聆听乐曲，并能对欢乐、悲哀等曲调做出反应。3岁以内基本上能辨别高音、中音、低音音域，并能唱歌和自行弹奏乐曲，具有很强的音乐模仿力和辨音能力。

具有舞蹈、体育智能的宝宝，通常表现出活泼好动、反应敏捷等特征。在力量表现、技巧性、柔韧性、灵活性方面比同龄宝宝强。在哺乳期具有翻身早、直立行走较早等特征。尤其是具有舞蹈天赋的宝宝，其颈部、腿部、臂部、跟腱部比一般婴儿要长，这是很重要的先天素质之一。另外，具有很强的模仿性和掌握舞蹈技艺的能力，对音乐乐感和节奏感掌握较快。具有舞蹈天赋的宝宝在3岁前就能轻歌曼舞，对电视、电影当中的舞蹈节目，具有浓郁的兴趣，较易受到感染，闻曲起舞，可以即兴表演，舞蹈语汇丰富。

具有绘画天赋的宝宝在哺乳期就对色彩、图案、物体形象十分感兴趣，能长时间凝神注视和观察不同色彩的物体（玩具）。3岁以前不仅能分辨出三原色（红、黄、蓝）、复色（紫、绿等），还具有很强的观察能力和模仿力。不少宝宝还能创作出形象逼真、耐人寻味、妙趣横生的绘画作品来。

若是父母在发现宝宝具有特殊智能的同时，能循循善诱、适当引导和热情培养，宝宝就可能成为具有特殊智能的专业人才。

宝宝的饮食习惯与能力培养

在孩子生长发育的过程中，人体需要食物中所含的各种营养素为其物质原料。这就不仅需要合理调配适合宝宝年龄的膳食，还要培养宝宝良好的饮食习惯与能力。应该培养宝宝哪些良好的饮食习惯与能力呢？

（1）引导宝宝按时进食的积极性，使其对进餐表现出极大的兴趣。

（2）从婴儿期开始，宝宝在进食时应有固定的座位，并且注意不改变座位。

（3）注意力集中，细嚼慢咽，定时定量，安静地吃完自己的一份食物，不边吃边玩，不边吃边看电视。

（4）喜欢吃各种食物，不偏食、不挑食、不吃零食。

（5）闭住嘴唇咀嚼食物，不出声，不让别人看见嘴里的食物。

（6）咽下最后一口饭再离开饭桌，不含着食物说话或上床睡觉。

（7）吃饭时注意清洁，吃完碗里最后一点儿饭菜，不养成剩饭菜的不良习惯，洒了饭、汤，父母应该及时帮助擦净。

（8）经常喝开水，不喝生水。

（9）不捡地上脏东西吃。

在饮食能力方面，应注意逐步培养宝宝正确使用餐具和独立吃饭的能力。包括：

（1）1岁七八个月能自己一手扶碗、一手用勺吃饭（不必强调右手用勺和筷，应该培养宝宝双手都能使用勺筷、剪刀等，这对大脑左右两半球智能开发是非常有益的）。

（2）2岁以后可学习用筷子，自己洗手、擦嘴。

（3）3岁左右能熟练地使用勺和筷子，开始吃得干净、利索，能保持桌面干净，并开始学习协助父母摆放碗筷，吃完饭后将自己的碗、筷、椅子放好。

（4）任何年龄的宝宝都要培养吃饭的正确姿势，掌握与进食有关的语言，如“慢慢细嚼”，各种餐具名、饭菜名称等。

（5）吃饭前要让宝宝保持安静，保持轻松愉快的

小贴士

2岁左右宝宝的学习积极性很高，但因能力所限，吃饭时打翻碗碟、饭菜洒到桌上地下等纰漏会不断出现。父母应该耐心教会宝宝正确使用餐具的动作，即使手、脸、衣服弄脏，也要不厌其烦地及时帮助擦净，并对宝宝微小的进步加以鼓励，让宝宝始终保持旺盛的学习积极性。千万不能粗暴处理，更不能图省事，包办代替，从而剥夺宝宝学习自己吃饭的机会，这会影响宝宝饮食习惯与能力的发展。

情绪。吃饭的环境也要安静整洁。按时进餐，让胃的消化液正常分泌。千万不能让宝宝饭前过度兴奋或疲劳。不要呵斥宝宝。饭前1小时内不吃糖果、雪糕等冷饮，也不要喝大量的开水，以免冲淡胃液，影响胃液的正常分泌，从而造成宝宝食欲下降。

（6）注意饭菜的色、香、味、形，经常变换花样，应该安排出一周的食谱，避免单调无味。饭菜太烫或太冷都会引起宝宝反感而拒食，应该注意参照气温适度调整食品的冷热，以增进宝宝的食欲。

（7）可有意地用童话故事、比喻、示范等方法，引导宝宝理解食物的好处，比如“猪肝真好吃，多吃猪肝眼睛会亮晶晶的，嘴唇会红红的”，“多吃蔬菜小脸蛋会长得像红苹果一样”。以此培养宝宝对各种食物的兴趣。如果宝宝挑食、厌食时，对于不喜欢吃的食物，必须要多变换花样。开始可少量进食这种食物，以后再逐渐增多。

（8）倘若宝宝发脾气、任性，切不可用糖果、饼干等食物来缓解矛盾，转移宝宝不合理的要求，以免形成吃零食的习惯。进食时，更不可迁就宝宝边吃边玩的毛病。宝宝不好好吃饭时，可以采用不理睬的态度，坚持下去，宝宝会自知没趣而“休战”。

（9）父母应该注意自己的言行给宝宝带来的不可估量的潜移默化的影响。平时言谈或同桌吃饭时，父母都不得有任何暗示性语言和动作，以免形成宝宝饮食的坏习惯。比如，妈妈不喜欢吃猪肝，让宝宝察觉后，就会照妈妈的言行去做，必然形成挑食的坏习惯。

（10）父母还应及时了解宝宝拒食或食欲不好的原因，想方设法保证宝宝获得足够的食物营养。

宝宝的第一次反抗期

通常宝宝在3岁左右时，对周围的环境充满了强烈的好奇心，希望去探察一切。但因自己还不能圆满应付问题，或父母怕出意外，因此经常限制宝宝的活动，这会使独立个性正在形成、独立自由需求增加的宝宝大为恼火，从而表现出不服从、与父母对抗；往往因情绪激动而大发脾气；也常常与小朋友发生冲突。这些特征表明宝宝正处在反抗期，父母不必为此烦恼，只要巧妙而妥善地处理，宝宝会顺利度过这一必然阶段。

宝宝发脾气时的对抗指南

（1）可以允许宝宝尽量地喊叫，来发泄气愤。如果住在郊外，还可让宝宝到屋外面去喊叫，让宝宝把胸中的闷气吐出来，宝宝很快就好了。

（2）说些傻话，做些奇怪的动作，或者突然把电灯关掉又打开，以此来转移宝宝的注意力。

（3）父母被宝宝搞烦了，干脆躲起来。躲到另一个房间里去，缺少了观众，宝宝的脾气便发不起来了。

（4）倘若宝宝哭闹太久，父母担心会哭得发绀（一种脑部缺氧现象），可以轻轻吹宝宝的脸颊，在宝宝脸上拍一些冷水，或用冷毛巾擦脸。

（5）父母带宝宝外出时，若宝宝突然发脾气吵闹，父母就静静地把宝宝带到车里或洗手间去，等吵闹平息后，再带回原处。

（6）如果宝宝因父母未让他随自己的意愿行动而发脾气，父母可按他的方式给他一个机会。比如父母与他订个协议，什么事家长来做，什么事归宝宝做，然后鼓励他把一件事从头到尾完成，即使成果不佳，也要赞扬他。由此宝宝会兴致大增，不再和父母对着干了。

有时，有些事父母告诉宝宝做不成但宝宝不信，结果真的是不行，宝宝对此会动肝火，比如没有大小概念的宝宝，硬要把一个玩具塞进一个没有可能装进的小盒子里，在因装不进而发脾气时，父母可试着往里装，结果当然会与宝宝一样，父母马上对宝宝说：“妈妈也放不进去嘛。”宝宝会因此而平息怒气，因为宝宝在把自己和大人做比较。

宝宝胡闹时的对抗指南

（1）宝宝做出了父母不喜欢的举动时，先要看他做的程度如何。如果只是无理取闹，或者不会伤害到身体四肢，就不要理他，等他自然平息。父母如果想控制自己对宝宝吼叫，可以和他面对面站着，就叫不出来了。

（2）宝宝太吵的时候，父母压低声音和他说悄悄话，他就会停下来听。

（3）规定一个最后期限，用计时器来计算，时间一到就不准再吵；或者宣布等父母数到几的时候，就不能再闹，然后大声从1开始数。在期限到了以后，父母必须说到做到，开始一些新的行为，如取消宝宝喜欢做的事情，口头威胁是没有用的。

（4）对宝宝令人讨厌的表现干脆不理，也不做出任何反应，既不看他，也不理他，装作正在干自己的事情，一副什么都没看见的样子，这样会收到很好的效果。

（5）当宝宝在父母拒绝了他的要求后纠缠不休时，父母不要没完没了地说服他，父母可坚持用一句简单的话重复回答宝宝，直到宝宝听话为止。

（6）在宝宝改正他的行为后，父母应立即注意他，并及时表扬。

（7）闹得太不像话时，罚宝宝面壁坐几分钟，或罚宝宝站一会儿，就可让宝宝静下来，停止吵闹。

宝宝的安慰指南

（1）把宝宝紧紧抱在怀里，一边摇晃一边哼些歌使宝宝平静，然后打些比方来表示妈妈有多么喜欢他。例如说：“妈妈好喜欢宝宝哦，妈妈的喜欢有花那么大……有房子那么大……有天那么大……”父母要越说越大，还要让宝宝

一起帮忙想更大的东西。

对着宝宝的耳朵说悄悄话，通常可使宝宝停止哭闹，若父母能想出一些更好的话来，说不定宝宝听了心情会变得很愉快。

（2）告诉宝宝，他肚子里面装有一个叫作“笑”的东西，如果让它跑出来就会转变成“咯咯”的笑。这招往往会使宝宝忘了发怒，真的笑出声来（这方法是先无视宝宝的怒气，等宝宝气消了以后，再和宝宝谈谈刚才到底为什么发脾气）。

怎样帮助宝宝发泄

（1）鼓励宝宝从事体能上的活动，来发泄愤怒。要宝宝跑步，捶打一大团玩具等。

（2）要宝宝用很愤怒的声音，大声地从1数到5；或在玩具乐器上奏出一首很生气的歌；或是跳一个生气的舞。

（3）父母和宝宝一起大声叫，父母的声音越来越低，越来越小，终于没有声音。

（4）让愤怒中的宝宝画张图，来表达自己的感受，这是具有创作性的发泄感情的方法。

（5）和宝宝讨论生气的原因，如果只是因为不能称心如意而生气，就劝宝宝要忍耐，要宽宏大量，肯为别人着想。

（6）在公平的原则下，表示出父母很同情宝宝的处境，设法让宝宝说出使他生气的事情，并建议他以后遇到这种情形该怎么办。

（7）鼓励宝宝用语言来表达自己的愤怒，譬如教他说一些父母认为可以接受的表示愤怒的字眼。

怎样平息宝宝间的争吵

(1)限制打架的宝宝最想做的活动，如为看电视栏目而争执，那么就告诉宝宝，不结束这种局面，这一天就不允许看电视。

(2)让争吵的宝宝们做深呼吸，并让每个宝宝心平气和地说明争吵理由，然后请他们自己提出解决方法，宝宝会很乐于接受这个建议。

(3)宝宝们吵个不休时，就找个事情给他们做。

(4)看到大孩子想去欺负小孩子时，设法把他引开，可以说："快来，帮我一个忙。"

(5)让两个生气的宝宝共同干一件事，如给每人一块干抹布，要他们擦玻璃，一个宝宝擦里面，一个宝宝擦外面。还没等玻璃擦干净，他们又会笑逐颜开了。

(6)罚两个打架的宝宝相互拥抱对方。这样宝宝再想打架时就会多考虑一下，因为没有人喜欢去抱住正在跟自己怄气的人。

(7)宝宝打架时，成人可以走出屋子，或到浴室去避开一下，跟处理发脾气的宝宝一样，没有观众常常就没有劲再打下去。

(8)要宝宝自己说说有什么解决纷争的办法，即使宝宝的办法行不通，也可以缓和一下局面，让他们去考虑下一步的行动。

(9)要两个吵架的宝宝面对面地坐在房间相对的两个角落里，没有得到对方的允许，就得一直坐下去，谁都不准离开。让宝宝互相商量，这种方法能使他们讲和。

(10)要每个宝宝说出一项他认为对方具有的长处，互相称赞一番，便能结束争吵。

(11)把引起争执的东西拿走或把宝宝分开，也能强迫他们和解。

宝宝语言的正常发展

人类心理发展关键期，是指人类的某种行为、能力以及对知识的掌握等，在这个时期发展最快、最容易受到外界影响。倘若在这个时期施以正确的教育，可得到事半功倍的效果；如果错过这个时期，则需要花费几倍的努力才能弥补，或者将永远无法弥补。

语言发展的关键期

人类语言发展也存在着明显的关键期现象。8岁之前人类语言有三个重要的发展关键期：即出生8~10个月是宝宝开始理解语义的关键期；1岁半左右是宝宝口头语言开始发展形成的关键期；5岁半左右是宝宝掌握语法，理解抽象词汇，以及综合语言能力开始形成的关键期。倘若在每个关键期都得到科学、系统并且具有个性化的教育和训练，婴幼儿相应的语言能力将得到理想的发展。

正常的语言发展

发展正常的宝宝在1岁2个月左右就能讲出一些有意义的词和含三四个字的短句子，如“爸爸好”、“上街去”等。有些发育较快和受到理想早期教育的宝宝，也可能在11~12个月就能达到这个水平了。在讲话方面，宝宝们存在着明显的性别差异，通常女孩比男孩说话要早1~3个月，女孩的发音也比男孩清晰、准确。

没有经过父母专门训练，自然发展的宝宝，最晚在1岁半左右，也能讲一些2~3个字以内的短句子，多数情况下会用一两个字表达一个句子的含义。倘若1岁半的宝宝只会讲“妈”、“爸”等几个字，则可以认为该儿童的语言能力发展比较迟缓。

宝宝说话晚的原因

先天性原因：遗传原因导致的先天性痴呆儿、先天性聋哑的宝宝，语言能力发展受到限制。

后天性原因：大脑神经受到伤害，如分娩时难产造成儿童颅内出血、缺氧，以及出生后早期感染脑炎、脑膜炎、脑外伤、某些高热症状的疾病等，都可能影响宝宝语言的正常发展。

给宝宝玩玩具

靠垫

目的：锻炼宝宝的视力、感觉能力和手指的运动能力等。

宝宝会很认真地"研究"靠垫的颜色、质地、图案以及形状等一切构成靠垫的外观要素。宝宝会通过抓靠垫的丝绦或者边边角角的布料来熟练抓取东西的动作。靠垫是最理想的进行"观察研究"的对象。

毛绒玩具

目的：锻炼宝宝触觉，使宝宝心神安定。

宝宝一般从七八个月起就认可这个小伙伴，不少宝宝可能更小的时候就开始抓住它不放了。毛绒玩具能带给宝宝温馨愉快的感受，即使妈妈不在身边，也能使宝宝心神安定。对儿科专家而言，毛绒玩具属于转型期玩具，起到沟通室内和外界之间的桥梁作用。

插片或积木

目的：锻炼宝宝的创造力、触觉、精细动作等。

在玩这些玩具的时候，宝宝能明显地表现出自己的性格特征。有的宝宝对盖房子显示出极大兴趣，在“开工”前心里已经有了轮廓，并且一直都能专心致志地垒他的宝塔或宫殿；有的宝宝却漫无目的地一块块堆砌，直到倒塌。无论是哪一种玩法，都不同程度地锻炼了宝宝，并给宝宝带来了许多乐趣。

摇铃

目的：锻炼宝宝听力、触觉、视觉等。

大约3个月起，宝宝就能够主动地抓取东西，观察它，而且格外注意它发出的特别声音。摇铃可以向那些开始有能力向外界环境展示特别兴趣的宝宝提供各式各样的感官实践。

秋千架

目的：锻炼视力、听力、动作能力等。

秋千架可以说是他们最好的玩具。父母把小秋千架悬挂在摇篮上方时，宝宝从注意看上面摇晃的小饰物，到伸手去推碰它们，进而到抓它们。

宝宝的记忆力训练

训练记忆力就要背古诗吗？训练反应能力就要做智力题吗？这些宝宝可不见得喜欢。宝宝天生爱做游戏、爱动，训练宝宝的最好方法还是游戏。有些游戏很简单，只要运用自己的身体就行。

方法：妈妈与宝宝面对面坐好，妈妈做一个动作，要求宝宝做出相应的反应。先逐个教，然后再连贯起来。等宝宝记住妈妈做的每个动作都应该用什么方式回应后，妈妈、宝宝就可以一起玩这个游戏了——考考宝宝的记忆力和反应能力。如：

妈妈拍头，宝宝跳起来；

妈妈拍腿，宝宝踏步；

妈妈举手转腕，宝宝藏到妈妈身后；

妈妈捻指，宝宝跳到妈妈面前来；

妈妈站起，宝宝和妈妈一起手叉腰，一脚跷起；

妈妈坐下，宝宝拍手。

妈妈还可以举一反三，利用家里的各种物品，如妈妈敲一些东西，让宝宝做出不同的动作。如：

敲杯子，宝宝跳起来；

敲筷子，宝宝踏步；

敲碗底，宝宝藏到妈妈身后；

敲桌子，宝宝跳到妈妈面前来；

敲玩具，宝宝和妈妈一起手叉腰，一脚跷起；

敲门，宝宝拍手。

激发宝宝想象力的十点建议

(1)在购买玩具时，要考虑玩具可以提供多少种玩法。不要买那些阻止宝宝想象力或是有过多现成附件的玩具。装配式玩具或积木可激发宝宝的创造力。

(2)对宝宝看电视或玩计算机游戏加以适当限制。给宝宝购买一些画画或写字的文具，鼓励宝宝画画、户外活动、读书。

(3)在家里展示宝宝的艺术作品和字画。

(4)让宝宝参与做饭和制作小手工艺品。

(5)给宝宝的假扮游戏提供场地。帐篷、纸箱或一张盖着毯子的方桌都可以成为宝宝假扮游戏的场所。

(6)用那些随手可拾的材料，而不是商店买的零部件，和宝宝一起建一个火车站或是娃娃屋。

(7)做“如果……就……”的游戏。问一些激发想象力的问题，如：“如果宝宝是一只蝴蝶，会怎么样？”“如果我们在月球上，我们将建一所什么样的房子呢？”

（8）理解假扮游戏和暴力活动的区别。假扮游戏是积极的、极富想象力的游戏，经常会涉及枪支和英雄；而暴力却是蓄意地毁坏他人财产，并伤害他人。

（9）要保证正确教育方法，并用艺术品、故事以及游戏激发宝宝的想象力。

（10）与宝宝一起去探索大自然。种植花草、观察昆虫、喂养鸟兽，跟宝宝一道去大森林，谈论看到的现象，并带一个袋子，在路上拾宝，让宝宝用树叶、果实等创作艺术作品。

应给宝宝足够的时间去想象、思考和探索，鼓励宝宝玩想象力的游戏。这些都是孩子成长过程中十分重要的因素，它使宝宝在童年时期真正过得像个孩子。

培养宝宝的创造能力

小贴士

3岁前的宝宝也可以从事美劳活动。有的家长担心宝宝太小，这可太小看他们了。宝宝在动手过程中可能会遇到困难，然而，宝宝的想象力并不差，完全能够把自己的想法表达出来，实在做不好的地方由家长帮助完成，这样还有助于锻炼宝宝的语言表达能力，享受与家长亲密合作的快乐。

美劳，是一种艺术表现形式，是培养宝宝身心全面发展和培养宝宝创造能力的重要手段，强调的是两个观念：

美，用生活中最常见的物品（纸、石头、木头，甚至废品）来进行自我创造，培养宝宝发现美、创造美的能力。

劳，针对很多宝宝普遍存在动手能力差的现状，通过富有想象力的劳动，既训练动手能力，又发展了想象力和创造性思维。

总的来说，传统的手工制作只是给宝宝一双灵巧的手，而美劳则要给宝宝一个充满想象力的大脑，并使劳动成为具有美学创意的活动。成人只是向宝宝提供工具、材料，教给他们劳动方法，如折、粘、贴、剪等，然后设计一个小“命题”，比如做一张贺年卡，贴一张树叶图，至于这个作品的具体内容、画面构图等则全部由宝宝按照他们的想象来完成。

美劳所用的材料都是一些生活中常用的物品，甚至是废弃物，在家庭里实施起来十分便利。其实，生活中处处都是课堂，聪明的家长只要善于寻找，随时随地都可以和宝宝一起从事美劳活动。这样不仅可以激发宝宝的创造欲，还能够培养宝宝积极的心态。通过自己一双灵巧的小手居然把废品变成了美好的东西，宝宝也会产生对美好生活的追求。

让宝宝健康、快乐、活泼

性格是表现在外部的稳定特征。如果希望宝宝快乐，父母就应该从小培养宝宝活泼开朗的性格。

活泼就是宝宝具有高度的主动性和积极性，包括思维活跃、勇于探索，可以通过自己的活动获得新知识、新信息；开朗指有较强的适应性，对周围的事

情能够保持一种乐观的态度，对人热情，乐于与别人交往。

活泼开朗的性格是心理健康的重要标志，幼年时期是培养宝宝活泼开朗性格的关键时期。也就是说父母需要在宝宝幼年时期努力培养他，使他朝气蓬勃，具有愉快的情绪，能够主动与别人交往，积极参加各项活动，主动选择自己喜欢的玩具和材料，并且用自己选择的材料进行游戏，对周围事情有积极态度、进取的精神，活泼大方，能够讲出自己的愿望和想法，遇事能听取成人的劝告。

如何培养宝宝活泼开朗的性格呢?

活泼开朗的性格与健康的体魄关系密切，精神饱满是健康体魄的体质基础。父母会发现宝宝在健康的时候情绪是非常好的，若宝宝生病了就会影响他的情绪和活动。要培养宝宝健康的体魄，首先要给宝宝丰富的营养，同时要保证宝宝睡眠；另外还要有一个合理的参照系数。宝宝生活的态度和方式是否系统化、正规化对性格的形成有很大影响。宝宝一天的生活应该是有规律、有秩序的，这样可以促进神经系统很好地发展，便于养成定性的习惯。

许多宝宝得了一场病以后就变得不守规矩了，这是因为宝宝的情绪受健康情况的影响。生病意味着要打破原来的生活规律，也就是说宝宝的系统化受到了影响，所形成的定性受到了破坏，这样宝宝对做事情就产生了一种超越限度的想法和做法。

宝宝生病了就要提出一些不合理的要求，家长也会迁就一些，因而对宝宝的教育就产生了退步，时间一长可能会产生另外一种定性。病好了以后，宝宝还想“得寸进尺”，若得不到，宝宝的性格自然就产生一些变化，容易哭闹，甚至装病。要想解决这样的问题并不难，只要家长满足合理要求，不合理的要求坚决不满足，就可以使宝宝性格逐渐转变过来。

重视环境对宝宝性格形成的影响

宝宝的性格是在日常生活和周围环境的相互作用下形成的。合理的教育可以使宝宝逐渐养成良好的行为习惯，好的教育环境则是前提。

宝宝年龄小，性格尚未定型，需要一个良好的环境（这种环境包括住房条件、家庭条件、孩子用具、人际关系、周围环境等），并注意发挥环境的作用，以使宝宝的性格朝好的方向发展。

建立良好的亲子关系

亲子关系在宝宝和环境相互作用中关系最密切。心理学解释，在同样的条件下，父母对宝宝的教养态度不同，会引起性格发展上的显著差异，不同类型的亲子关系对不同性格的培养起着不同的作用。

以大人为中心的亲子关系——宝宝的表现多为很有礼貌、谨慎、精力容易集中；但是这种宝宝也表现出盲从，容易受别人暗示或驱使，善于服从，从小害羞、忧郁、畏缩，自信心和自尊心比较差。

以宝宝为中心的亲子关系——宝宝一般比较积极，善于表现自己，自信心比较强；但是这种宝宝攻击性也比较强，注意力不够集中，不受约束，不愿意服从，比较固执。

家长溺爱、照顾和保护的宝宝，性格多半是消极的，依赖性比较强，没有责任感，没有忍耐力，不适应集体生活，遇到事情犹豫不决，娇气、任性。

两面性亲子关系——因为父母对宝宝的态度忽冷忽热，有时过分严厉，有时可能过分迁就、放纵，教养态度反复无常，宝宝多半性格不稳定、多疑、多虑、缺乏判断力，良好的性格很难形成。

理想型亲子关系——爱而不娇，严厉却慈爱，父母与宝宝的态度可以交融在一起。宝宝会感觉自己受到尊重和信任，感到自己是家里的一员，性格多表现为亲切、独立、直率、活泼、大方、开朗、有协作精神、有活

小贴士

父亲要与宝宝多交往

父亲与宝宝多一些时间接触可以促进宝宝活泼开朗性格的形成，因为父亲具备两方面的优势：

对宝宝的态度——通常父亲比较宽容大度、随和开朗，再加上父亲精力充沛，比较喜欢运动，喜欢变花样，特别适合于宝宝的年龄特点。

处理问题的态度——父亲倾向于以积极的态度去处理问题。在考虑宝宝行动动机时比较容易从好的方面去想；在解决问题时，又容易用一些比较轻松、幽默的语言去教育宝宝，这样培养出的宝宝能够积极、活跃、乐观。多与父亲在一起，宝宝更易勇敢自信。

动能力，善于和同伴相处。

善于激发孩子的良好情绪

良好情绪和情感是培养宝宝健康人格十分必要的条件。良好的情绪能提高大脑和整个神经系统的活力，使身体各个器官活动协调一致，真正发挥其身体机能的潜能。良好的情绪和情感有益于宝宝健康地成长和发展，更有益于宝宝良好性格的形成。学前期的宝宝已经积累了一些复杂的情绪经验，宝宝如果能够经常处于乐观的情绪之中，就容易养成活泼开朗的性格。

可以从以下几方面激发孩子的良好情绪:

1. 理智地去爱孩子。

(1) 不能对宝宝过分地溺爱，过分地保护，以免使宝宝自私、心中没有别人。

(2) 不能养成宝宝要求什么，只要能做到，就一定满足的习惯。

(3) 不要给宝宝太多东西，使他认为获得就是得到幸福的源泉。

(4) 不要对宝宝过分地帮助，以免剥夺他自己获得的快乐。

2. 让宝宝有自己选择的权利。

童年是一个人最快乐的时期，要想让宝宝过得快乐、幸福，就得让宝宝自己去思索、判断。尽管宝宝判断和选择的能力有限，家长可以帮助分析引导，但不要代替做抉择，这样可以保护宝宝的自尊心、自信心，使宝宝的主动性、积极性得到很好发挥，宝宝才会是最开心愉快的。家长不能把自己理想化的模式去强加给自己的宝宝。

3. 教孩子调整自己心态的方法。

宝宝的年龄小，自我控制、自我调节能力都很弱，需要家长教给他们调整自己心态的方法。

(1) 让宝宝亲自感受自己表达的情感。

(2) 先倾听宝宝述说，再引导宝宝在行为上克制自己的情绪，教宝宝把情感表达出来。

(3) 宝宝心情不太好的时候，要引导宝宝克服困难，鼓励宝宝自己解决。

(4) 经常带宝宝到户外去，让美丽的大自然陶冶孩子。

根据气质类型进行性格培养

好动、好奇、好模仿、好冲动是所有宝宝共同的特性。不同的宝宝有不同的气质，家长要注意到宝宝的特点，立足于自己的宝宝。气质和性格是有密切关系的，所谓气质是人生来就有的外部性格特征，气质类型没有好坏之分，每一种气质类型都有积极的一面和消极的一面，家长应该让宝宝扬长避短。所以家长要研究宝宝、了解宝宝，针对宝宝的特点做工作，同时还应做到以下几点：

（1）让宝宝更多地参加集体活动，尽早上幼儿园。

（2）友谊对培养宝宝性格起着积极的作用，教给宝宝一些简单的社交技巧。

（3）对自己宝宝的要求不要太高，不要去束缚宝宝，不要用自己的理想模式衡量宝宝。

（4）不要给宝宝消极的心理暗示。

宝宝心理健康的标准

（1）有良好的行为习惯。在幼儿期，宝宝对“正确”的概念是模糊的，父母应该通过多种形式进行引导和培养，对宝宝的行为给予正确评价，让宝宝知道哪些是对的，哪些不对，哪些能做，哪些不能做，鼓励宝宝说真话，有了错误要承认。还要引导宝宝认真识别和学习正确行为，逐步掌握正确的行为方式，形成良好的行为习惯。

（2）能与同伴友好相处，乐于与人交往，能够谦让。父母应该鼓励宝宝大方不小气，把自己的玩具、书籍与其他小朋友分享，这不仅加深彼此之间的感情，也能培养幼儿之间团结互助的品质，使宝宝在与同伴交往中不是以自我为中心，即使同陌生的同龄人也能友好合作。

（3）求知欲旺盛，喜欢提问题，爱动脑筋，对父母布置的“作业”能很快完成。宝宝能想出问题，提出问题，说明宝宝的思维和智力在不断地发展变化，父母应该耐心地尽量给予满足。如果拒绝宝宝的一次提问，那么就等于失去了一次很好的教育孩子的机会。

要从小培养宝宝良好的个性

不同家庭的教育方式，会导致宝宝的不同个性。宝宝的个性大多在3岁左右就已经形成了，因而良好个性的培养，必须从小抓起。通常父母的教育中常会出现如下问题：如过度对宝宝关心、照顾，不放手让宝宝同人接触，独立活动，总怕宝宝受欺负或遇到危险，如此会使宝宝胆小、依赖、缺乏主见，遇事优柔寡断，孤僻，不合群，不适应集体生活；倘若父母对子女溺爱、娇惯，宝宝则被养成任性、撒娇、骄傲、放肆，不分好坏，不懂礼貌，神经质，以自我为中心，缺乏责

任感和耐心的性格；如果父母对宝宝冷漠、漠不关心，则宝宝往往从他人处寻求认可，想方设法吸引别人对自己的注意，有的表现为“人来疯”，或喜欢惹是生非或攻击他人，有的也会表现情感淡漠，或内向性格；当父母对宝宝管教过分严厉、粗暴时，宝宝会形成胆怯、软弱、自卑或粗暴、反抗、不诚实以及为了保护自己而说谎的性格特点；若父母对宝宝的态度忽冷忽热，反复无常，宝宝常常表现情绪不稳定，多疑多虑，缺乏主见或判断能力；再如父母对子女间有不公平的态度，则会使宝宝产生嫉妒心理，对个性形成产生不良影响。培养孩子具有良好的性格应从以下几方面加以注意：

应该具有一个良好的家庭环境

家庭融洽和睦、团结友爱，这对陶冶孩子的心境和情感特别重要。宝宝在

这种环境中成长，心情愉快，会养成活泼开朗、热情直率、稳重端庄的性格。

父母本身要树立良好性格的典范

由于宝宝的模仿能力极强，在家庭中的父母就是宝宝模仿的榜样。为人父母应努力做到谦虚谨慎、不骄不躁、尊重自己、尊重他人、有坚强毅力、乐观开朗，这样宝宝必定也会成为一个具有良好性格的人。

家庭教育要注意方式方法

在一个和谐的家庭中应注意说理，善于引导，要对宝宝爱而不娇，严格而民主，自由而不放纵，把宝宝当成家庭成员看待。良好的家庭教育定会收到满意的效果。

根据宝宝年龄特点确定教育内容

宝宝在1岁时，要培养宝宝克服困难和勇敢坚强的性格，尤其是教宝宝学习走路时，不要怕宝宝摔跤，跌倒了要爬起来，爬起来再学走。3岁时要让他们进幼儿园接受集体生活的训练，体验团结友爱的情趣，培养爱学习，守纪律，尊敬老师，助人为乐，心胸豁达的性格和品德。也要培养宝宝独立生活的能力，为今后适应社会打下良好的基础。

幼儿时期是良好个性塑造的最佳时期，抓住这个关键时期进行培养，有助于幼儿保持身心健康发展，有助于促进将来个人事业上取得成就，能为社会作出更多的贡献。

水痘的护理与预防

水痘是由水痘—带状疱疹病毒引起的传染病。好发于春秋季节，在幼儿园等场所较易造成流行。6个月以上10岁以下的宝宝发病率最高。

病毒感染人体后，潜伏期通常为13～17天。然后出现头痛、发热，四肢酸痛，食欲下降等前期症状。继而出现皮疹，先见于躯干、头部，逐渐延及面部及四肢。以躯干为多，面部及四肢较少，很痒。早期为红色丘疹，数小时后变为水疱，初呈清澈水珠状，以后稍混浊，疱壁较薄易破。数日后结痂，1~2周脱落。无继发感染者脱痂后不留疤痕。由于皮疹分批出现，因而病程中可见各期皮疹同时出现。

水痘的诊断比较容易，并发症并不多见，常见的是皮肤疱疹的继发感染，肺炎和脑炎。水痘的治疗主要是对症处理，通常不需要用药，因此加强水痘病儿的护理非常重要：

（1）隔离病儿，通知朋友和邻居不要串门。父母在护理病儿时要注意自己手的清洁卫生，将病儿的衣物和用具及时清洗、消毒。

（2）保持病儿的皮肤清洁，勤换衣服，勤剪指甲，避免抓伤，引起继发感染。应选择柔软肥大的棉织品内衣，避免过热，以免皮疹作痒。

（3）倘若面部疱疹过多，可将小儿的双手用纱布轻轻包起来，避免患儿抓破面部，皮肤痒可外用1%龙胆紫。

（4）保持室内空气新鲜，经常开窗换气。室温在18~20℃，湿度在50%~70%为宜。

（5）多喝开水，选择流质高热量饮食。

（6）注意早期发现并发症，并及时去医院就诊。

预防宝宝患水痘十分重要，因为患水痘的病人是唯一的传染源。从发病第一天到全部皮疹干燥结痂前都有传染性。主要传染途径为空气飞沫、直接接触。被病毒污染的尘土、被子、衣服和用具亦可以传染。在春秋的高发季节尽量少带宝宝去人多热闹的场所。若幼儿园有水痘患儿，可将宝宝接回来观察两周，以便及时治疗、护理。家中若是有人得了带状疱疹，则宝宝出水痘的概率就大了。因为水痘和带状疱疹是同一种病毒引发的疾病。

医学研究证明，水痘—带状疱疹病毒第一次感染后，90%的人会引起水痘的发生。水痘好了以后，水痘病毒潜伏在脊髓根神经结，当细胞免疫功能低下的时候，20%~30%的人会得复发性疾病——带状疱疹。比起水痘来，带状疱疹给人们带来的痛苦和治疗上的难度大多了。如果宝宝小的时候已出过水痘，那他以后不会得带状疱疹。我国部分地区人群中水痘—带状疱疹血清学流行率的最新调查结果显示，36～45岁的人群中阳性率为93.12%。也就是说，大多数人曾经被水痘—带状疱疹病毒感染过。因而，预防水痘的发生是非常重要的。

预防宝宝肥胖

资料表明，全国儿童肥胖病的发病率已由原来的0.4%上升到2%，一些发达地区已经达到3%，如北京、上海、广州等地都有增高趋势。引起发病率增高的原因是当前经济水平提高，使人们的食品日益丰富，但父母对平衡膳食的知识，对宝宝健康标准的认识以及养育宝宝的科学水平并未提高。二者的不同步导致宝宝摄入过多营养却不能消耗掉，在体内积聚形成脂肪，变成肥胖儿。肥胖使宝宝身心受到损害，影响了正常的生长发育，同时埋下成年后易患某些对身体危害极大的疾病隐患。因此，专家希望，每一位家长在养育宝宝时，对于科学合理养育要具备一定的知识，这样就会构成预防肥胖病的第一道防线，使宝宝免受肥胖之苦。

“膘”是如何跑到宝宝身上的

环境、饮食方面

(1)70%以上是因为摄入过量食物，超出身体所

小贴士

什么样的宝宝是肥胖儿?

如果宝宝的体重超过同性别、同身高孩子标准体重的20%，即可认为是肥胖儿。按超重的程度不同分为三度：

轻度——超过标准体重的20%～29%；

中度——超出标准体重的30%～49%；

重度——超出标准体重的50%以上。

体重和身高有关。比较体重时同年龄并不是最关键的，要注重性别、身高。如两个年龄相同的宝宝，体重也许相差很多，但他们的体重只要各自和自己的身高相称就不是异常。

需热量，多余部分转化为脂肪而堆积于体内。

（2）膳食种类不合理，总是让宝宝吃高热量、高脂肪食物以及甜食、含奶多的冷饮。

（3）宝宝进食速度太快，极易过度摄入食物。

（4）进餐频率高，如宝宝在幼儿园已吃过晚饭，回到家和父母又一起进餐。

（5）家庭饮食及进餐习惯所致。如喜欢吃面食、馅类食物及饭后喝汤；或者进餐时一边聊天一边吃，时间拖得长，不知不觉中过度进食。

（6）与烹调方式有关。做菜时喜欢勾芡，芡很易吸油而导致吃进大量油脂。

运动过少

（1）有的宝宝无论在室内外都不喜欢活动，休息太多。

（2）不少宝宝虽然运动，但经常喜欢做没有身体移位的活动，如玩跳绳时只是摇绳。

（3）家长从思想上不重视运动对人体健康的作用，业余时间很少带宝宝外出，经常待在家里看电视、讲故事、下棋等。

家长动机因素

（1）对宝宝胖瘦认识和评价有偏差，如宝宝本来已经有些胖了，但家长并不觉得是这样，继续给宝宝增加营养。

（2）许多父母认为宝宝越胖越健康，或是富足的体现；有些父母把宝宝交给长辈养育，这些长辈总觉得把宝宝养得胖胖的才是尽了职责。

（3）许多父母习惯用食品作为奖励宝宝的手段，长期如此就会导致肥胖。

遗传

肥胖病有明显的遗传倾向，倘若父母双方都肥胖，其子女肥胖的概率可达80%左右；若都不胖，子女肥胖概率为2%；其中一人肥胖，子女肥胖的可能性为40%～50%。

肥胖会使宝宝受到哪些伤害

身体

呼吸道抵抗力下降，容易感染，并且疾病不易痊愈，容易加重。

心肺功能低下，表现为活动时气喘，心跳加快，特别容易劳累。做B超可见血黏度增加，血管壁增厚，有冠心病倾向。

易患糖尿病，血糖处于临界值或高于正常值。

随着年龄增长，并发高血压、冠心病、胆石症等病。

心理

伙伴关系不良，因体型缘故常被其他宝宝嘲笑、排斥，随着年龄的增长，这种伤害还会加强。

扼制宝宝的表现欲。任何一个宝宝都希望在众人面前表现自己，但每当有这种活动机会时，胖宝宝往往得不到。

由于肥胖长期受人嘲弄、排斥，会产生孤独、自卑的心理，总是觉得“我不行，比别人差”。这种心理状态将限制智力潜能的发挥，从而使社交能力和人际关系受影响，使宝宝变得孤僻，形成内向、退缩的个性。随着年龄增长对自我价值产生怀疑，可能会终生伴随宝宝，使宝宝的社会竞争能力低下。

肥胖宝宝的饮食方案

总的原则

低脂肪、低碳水化合物、低热量。

先从主食减起，然后减副食。量的减少应循序渐进，先减1/4量，依次变成

1/3量，1/2量。

三餐分配原则

早餐占全天饮食总量的35%，应该吃好。

中餐占全天饮食总量的45%，应该吃饱。

晚餐占全天饮食总量的20%，应该吃少。

各营养素所占比例：蛋白质占总量的20%，脂肪占总量的30%，碳水化合物占总量的50%。

每日饮食参考值

每日蔬菜类400~500克，水果类100~200克；谷类200~300克；蛋类50克，肉类50克，豆制品50克，奶类100克；油脂25克。

食品分类

绿灯食品：瘦肉、鱼、蛋、奶、豆腐、豆浆、虾、肝、白菜、芹菜、萝卜、油菜、扁豆、豇豆、菠菜、菜花、黄瓜、冬瓜、番茄、豆芽、蘑菇、蒜苗、韭黄、生菜、茄子、苹果、梨。

黄灯食品：米饭、面条、馒头、大饼、玉米、馅类食品、豆类、香蕉、葡萄、橘子、西瓜。

红灯食品：土豆、白薯、糖、巧克力、甜饮料、甜点心、快餐食品、油炸食品、膨化食品、果仁、肥肉、黄油。

绿灯食品为可以多吃的食品，黄灯食品为少吃的食品，红灯食品为尽量不吃的食品。

哮喘患儿的饮食与保健

哮喘是慢性消耗性疾病，其消耗量与哮喘发作缺氧有关，影响机体的代谢过程，胃肠功能减弱，因而哮喘患儿的饮食保健应做到以下几点：

补充足够的优质蛋白质

哮喘患儿因为缺氧，使胃肠蠕动减慢，消化吸收功能差，引起宝宝食欲不振，进食减少，导致患儿营养不良。补充优质蛋白，可满足炎症修复和营养补充之需要。

增加维生素A、B、C和钙、铁的供给

维生素A有维持正常发育和增强机体抗病力等功能。维生素B和维生素C有增加食欲、促进肺部炎症吸收的作用。钙具有抗过敏等功能。由于机体为提高对氧的摄取量，来减轻机体组织缺氧，会出现缺铁，因而应保持铁的供给。

注意饮食宜与忌

饮食宜温热、清淡，宜少量多餐，忌过冷过热，忌过甜和刺激性食物，忌过饱。哮喘患儿脾胃虚弱，如果过食生冷会引起胃肠蠕动减慢，导致消化不良、食欲不振，从而使患儿体质下降，对哮喘患儿康复不利；过热过烫饮食会引起阵发性咳嗽，诱发哮喘，应加以避免。

多饮水

哮喘发生时，出汗多，饮食少，从而使患儿失水。多饮水，不仅可补充水分，还可稀释痰液，有利于痰液排出。

研究表明，哮喘发病与摄入高盐有关，而高盐的摄入使支气管平滑肌对过

敏原刺激产生强烈反应，加重支气管痉挛。由于哮喘患儿对盐非常敏感，故应采用低盐饮食，以控制哮喘。哮喘患儿不可吃得过饱，否则增加胃肠负担，不利消化吸收，可诱发哮喘发作。

第三章 2岁3月

◎ 怎样培养宝宝的口语表达能力

◎ 婴幼儿交往类型自我测试

◎ 健康宝宝的科学饮食方式

◎ 宝宝记忆、思维、创造力的培养

怎样培养宝宝的口语表达能力

语言的掌握对宝宝智力发展有着重要意义，口头语言表达能力的培养又是整个幼儿期语言训练的中心环节。口语表达能力要从2~3岁抓起，这是宝宝掌握口头语言的最佳时期。培养2~3岁宝宝的口语表达能力应注意以下几点：

符合幼儿直观具体的思维特点

根据宝宝思维具体形象性的特点，教宝宝的词汇要结合宝宝常见的、特别感兴趣的事物进行。例如，亲人的称呼、喜爱的玩具、爱吃的水果、动物的动作等。同时注意化抽象为具体，如讲“一闪一闪”这个词语时，伴以手电一关一亮的演示。

在游戏中让宝宝学习语言

宝宝的学习积极性在很大程度上取决于兴趣，通过游戏学习语言是一种非常好的方式。例如，玩“公共汽车”游戏，宝宝可以根据自己扮演的角色，进行语言练习。

丰富宝宝的生活知识

丰富生活是发展宝宝语言的源泉。多带宝宝到户外观察大自然，游览公园，逛商店等。通过观察扩大宝宝眼界，丰富生活，发展思维、想象，提高语言表达能力。

创造发展口头语言的良好环境

父母要用普通话给宝宝绘声绘色地讲故事，语音、语法要力求正确，语言要简练、文明，句子要完整。

让宝宝经常进行练习

父母要有意识地寻找宝宝善于表达的话题，和宝宝交谈。比如“这是什么？”“那个怎么样？”“我要吃苹果”等句型练习。随时纠正不规范的语言，重视宝宝语言规范化。

练习语言的形式多样化

讲故事，念儿歌，看图说话，“打电话”等都是宝宝练习口语的好办法。

口语能力培养的四个方面

宝宝说话能力的发展，通常要经过三个步骤：一是发音阶段，二是说词阶段，三是说话阶段。发音阶段从宝宝3个月开始；说词阶段多是1岁左右开始，这时宝宝会说一个一个的单词，这是言语的初级阶段；说话阶段多在2岁左右开始，宝宝可以一句一句地说话了，这是正式的语言。

在宝宝说话阶段开始时，父母所要做的是注意以下四个方面：

注意培养宝宝说话正确并规范

不能再说重叠词的“娃娃话”，如想喝汤，不能只说“汤汤”，而要说“我要喝汤”。

培养宝宝说话时用词恰当

如“吃饭喝汤”，就不能说成“吃饭吃汤”。父母还要注意教2~3岁宝宝恰当使用“你”“我”等人称代词。特别要训练宝宝恰当使用量词。宝宝经常胡乱使用量词，如说“两根马”“一个饭”，或者对任何物体的量一概用“个”来表示。

纠正宝宝不正确的发音

对2~3岁宝宝较难发清楚的“n”“i”“z”“c”“s”“zh”“ch”“sh”，父母

应该有意识地多加训练。

培养宝宝说话的完整性

父母要注意纠正宝宝所说的不完整的话。例如，宝宝不肯去看病，缠着妈妈说："妈妈不看病！妈妈不看病！"妈妈要对宝宝说："谁不看病，是妈妈？还是你？"经过父母反复纠正，宝宝是会改正的。

2~3岁的宝宝喜欢说话，父母既要让宝宝说简单句，也要引导鼓励宝宝说复句，由易到难逐步提高宝宝的口语能力。

宝宝的语言情境

言语发生在一定的情境中，语境特征决定着宝宝的言语特征。宝宝在不同场合，口头语言会发生三种变化：一是讲与不讲的变化；二是讲话风格的变化；三是有选择地使用"嘀咕"，即重复单调的要求和抱怨（如："我要买嘛，我要买嘛……"或"就不夸奖我，就不夸奖我……"）。父母应当通过控制语境，自觉地、有意识地调控宝宝的言语状况。

让宝宝成为情境的中心

很多宝宝都有不同程度的"口语缄默症"。究其原因，主要是在成人的社交场合中，宝宝多被晾在一边。宝宝没有讲话的外界要求，也就缺乏口语表达的内在需要。比如，许多宝宝要等到客人走时，才有机会说声"再见"。让宝宝成为情境的中心，口语表达也就成了对他的基本角色要求。促使宝宝与别人进行口语交流，具体方法很多，如有客人造访时，父母不要忘记把宝宝介绍给客人，注意让宝宝与客人沟通。父母在商量、谈论一件事时，也不要因为宝宝小而忽视他，不妨征求一下他的意见，如星期日游览活动的安排等。有关宝宝的事，更要注意抓住机会，让宝宝谈谈他的想法，并予以肯定。还可以在一天当中找一个适当的机会让宝宝讲讲他的经历和要求。

改进同宝宝交谈的方式

许多父母不注意如何启发宝宝多说话，同宝宝交谈时，常用“是非判断”的方式进行。比如，母：“今天在托儿所吃的是包子吧？”子：“是。”母：“有没有小朋友打你？”子：“没有。”这种谈话是封闭式的，不利于宝宝流畅语言的发展。

不少父母溺爱子女，甚至在语言表达上也“包办代替”。如宝宝指一下香蕉，妈妈赶忙上前，“噢，你想要香蕉了，对吗？妈妈帮你拿。”在这样的语言环境中，宝宝只需要简单手势和示意，不会产生言语的需要，从而阻碍了语言和思维的发展。父母必须注意用富于启发性的谈话，使宝宝的想象力和表达力得以充分发展。

引导宝宝更好地表达

控制语言情境，不仅要创造条件让宝宝多讲话，还要引导宝宝更好地表达自己的思维，及时纠正不太妥当的口语。那种大人反倒去模仿宝宝不正确口语的“娃娃腔”是大错特错的。对宝宝的引导包括语法、选词、语音等各个方面。如宝宝说：“看我鱼呢。”父母不要只觉得好玩，哈哈一笑了之，而应告诉宝宝正确的说法是：“我看鱼呢。”引导的实质就是让宝宝不断接受自己言语活动的反馈信息，最终培养起自我调控语言的能力。

小贴士

处理好情感表露与语言表达的矛盾

宝宝的情感体验常干扰他们的口语表达，本来正在清晰而流畅地说话的宝宝，一见父母来了，马上变得嗲声嗲气，好像舌头变短了，话也说不清楚了。这是由于父母的温情慈爱唤起了宝宝撒娇装痴的需要，消除了宝宝正确言语的需要。遇到这种情况，父母必须提出明确的要求：“你把刚才的事情清清楚楚地给爸爸讲一遍。”“妈妈忘了这个故事是怎么讲的了，你给妈妈讲讲。”

婴幼儿交往类型自我测试

宝宝在出生后3年里，尽管主要与其父母交往，但事实上也已开始了同伴间的相互交往，并在交往中显现出其个人在社交方式、能力和社会接受性等方面的差异。不少父母也非常关心和在意自己宝宝的同伴交往能力，想知道宝宝在社交能力方面是什么水平、什么类型，并在此基础上“对症下药”，因材施教。

宝宝由于外表长相、体质、卫生习惯、行为特征、能力性格以及情绪特征等六个方面的千差万别，形成了不同的社会交往地位。所谓的“同伴交往类型”也就是这种社交地位的反映。目前常把儿童同伴交往类型划分为四种，即：受欢迎型、一般型、被忽视型和被拒绝型。由于婴儿阶段社交尚未发展成熟定型，又将这四种类型简化为三种基本类型：受欢迎型、中间型、困难型。下面的测试可以帮助父母了解、确定自己宝宝的同伴交往类型是属于哪一种。

1. 宝宝愿意同邻居的宝宝一起玩儿吗？

（1）愿意；

（2）有时愿意，有时不愿意；

（3）不愿意。

2. 宝宝在与别的宝宝一起玩儿时：

（1）情绪愉快；

（2）有时高兴，有时生气；

（3）会咬小朋友，打人家或是抢别人的玩具。

3. 宝宝在外表长相上是不是很招人喜欢？

（1）是的；

（2）难以判断；

（3）不是。

4. 宝宝在受到别人攻击时的态度是：

（1）哭；

(2)躲避；

(3)还击。

5. 宝宝对待陌生小朋友的态度是：

(1)主动接近；

(2)不理不睬；

(3)拒绝。

6. 宝宝对新的陌生环境的态度是：

(1)愉快接受；

(2)有父母陪伴就可进入；

(3)拒绝进入新环境。

7. 宝宝平时的个人清洁卫生情况：

(1)非常好；

(2)有时好，有时不行；

(3)不大好。

8. 宝宝看到别的小朋友跌倒时的表现：

(1)走上去帮忙；

(2)好像没有看见一样；

(3)走上去看着别人笑。

9. 宝宝在看到别的小朋友哭时：

(1)走上前去安慰别人；

(2)好像看不见似的；

(3)别人哭他也哭。

10. 宝宝同别的小朋友在一起时的面部表情：

(1)经常微笑；

(2)面无表情；

(3)经常发怒。

11. 当同伴也要玩同一玩具时，宝宝的表现是：

(1)同朋友一起分享玩具；

(2)把玩具让给别人，去玩别的；

（3）拒绝别人，自己独自玩。

12. 对于自己的糖果：

（1）大方地与人分享；

（2）在成人的提示下与他人分享；

（3）拒绝分享。

13. 宝宝在一帮小朋友当中：

（1）经常当头儿；

（2）跟着别人走来走去；

（3）自己独来独往。

14. 宝宝对待小朋友告状的态度是：

（1）接受别人的意见；

（2）无所谓；

（3）对小朋友进行报复。

15. 宝宝在托儿所排队时经常站在第一位吗？

（1）是；

（2）不是；

（3）不一定。

16. 总的来讲，宝宝：

（1）行为积极，性格外向；

（2）情绪时好时坏，看场合；

（3）脾气急，易冲动。

评分标准：

凡是选（1）的，均得1分；选（2），得2分；选（3），得3分。

根据上述标准计算出每题得分以及总分，然后参考下面文字自行判断宝宝大致的同伴交往类型。需要指出的是，这种划分只是相对的，宝宝也有可能介于某两种同伴交往类型的中间，属于交叉型或混合型。随着幼儿年龄的增长、教育及环境的改变，同伴交往能力也会有所改变。

受欢迎型

总分16～26分的宝宝属于这种同伴交往类型。因为广受欢迎，常被称为“明星儿童”。他们一般长相好，卫生清洁，行为积极、友好，性格外向，善于交往。在交往中主动性强，也容易对没有同伴共玩感到难过。这类宝宝很少孤独，即便有也只是暂时的现象，不用家长费心。这类宝宝的活动有规律，节奏明显，容易适应新环境，也容易接受新事物和不熟悉的人。情绪通常积极愉快，对同伴的交往行为反应适度。因这类宝宝生活规律、情绪愉快，且对同伴的行为提供大量的积极反馈，容易受到同伴及成人的喜爱。对此，家长必须保持头脑清醒，千万不要因此而宠坏宝宝，更不能让他从小滋生骄傲自满情绪。

中间型

总分27~37分的宝宝大致属于这种同伴交往类型。大多数宝宝都属于这种类型。在各个方面表现中等，情况一般，长相不漂亮，但也不丑，个人卫生不太差，行为说不上积极，但也不太消极，友好也是分人和看情况，性格有外向也有内向的，在交往上属于“推着肯走，不推就不走”的情况。这类宝宝基本的生活形态就是这样，所以也就容易习惯，情绪反应不太激烈。

这类宝宝会随着年龄的增长，随着成人抚爱、教育以及社交能力发展的不同而发生分化，进一步演变出“一般型”和“被忽视型”两种不同的社交类型。对此，家长必须经常有意地带宝宝出去参加有吸引力的集体活动，有意地安排宝宝与同伴成对或分组活动，以增加交往机会，促进社交能力的发展。

困难型

总分38～48分的宝宝大致属于这种同伴交往类型。

这类宝宝大都体质强、力气大，行为消极、不友好，脾气急、易冲动，喜欢交往却不善于交往，结果弄成孤家寡人。例如，许多宝宝喜欢咬人，见到同伴本该打招呼，可他上去就咬人一口，吓得同伴以后再也不敢同他玩了。因这类宝宝时常大声哭闹、烦躁易怒、爱发脾气，对同伴及成人的交流产生消极反应，家长常常不敢带他们到公众场合，久而久之其社交能力就得不到很好锻炼，只会使其越来越不受同伴欢迎。对这类宝宝需要进行行为矫正，要让他们改掉消极、不友好的行为习惯，逐渐削弱性子急、爱冲动的毛病，同时还要教会他们必要的社交技巧，使他们学会交往。

胖宝宝减肥指南

在减肥的过程中，因宝宝正处于生长发育阶段，绝对不能让宝宝有饥饿感。

（1）让宝宝多吃蔬菜、水果等体积较大并容易有饱腹感的食物。

（2）进餐时先吃蔬菜、水果，然后喝汤，最后吃主食，这样不会过度进食。

（3）吃饭时让宝宝细细地咀嚼，进食速度要慢，但时间不要过长，以免吃进太多食物。

（4）饭后漱口刷牙，去掉食物气味，免得刺激食欲。

（5）不要给宝宝视觉刺激，如甜食存在家中或到处乱放。

（6）以一些有趣的活动转移宝宝总是想吃的念头。

小贴士

运动对于宝宝减肥非常适宜，因宝宝处于发育期，严格控制饮食甚至饥饿法都对生长发育有害，而运动既能消耗掉多余热能，又不损害宝宝发育；但运动项目的选择，运动强度大小要合适，不然运动量过大反而会增强宝宝的食欲。

运动方案

（1）不是所有的运动都合适，必须是有身体移位的有氧运动，如跑步、跳绳、登楼梯、游泳、体操、踢球等。

（2）运动时心率须达到每分钟150次，每次运动30分钟，一周至少锻炼4次，心率次数可通过触脉得知。

父母的作用:

(1)家长必须给宝宝做榜样,参与宝宝的运动,如全家爬楼梯。

(2)选择宝宝喜欢的项目,如跳蹦蹦床。在运动时要注意宝宝的疲劳承受程度,不愿意做的运动可诱导他的兴趣,如跑步,可先从短时间的走步开始,慢慢加长时间并且跑起来,别让宝宝反感运动。

预防方案

(1)孕妇孕后期饮食量不可过大,应每周测一次体重,每周体重增加不能超过0.5千克,以免胎儿过重。

(2)宝宝出生后尽力母乳喂养,不要过早给宝宝添加离乳食品,若4个月时体重超重,则须推迟添加时间,而且添加时应先加菜泥、果泥,淀粉类和固体食品后添、少添。

(3)定期给宝宝测体重,以便及早纠正。

怎样使减肥不反弹

让宝宝严格执行以上各种措施,并持之以恒坚持健康生活模式,体重就不会出现反弹现象,减肥就一定能成功。

肥胖症的治疗原则

不宜使用的方法

宝宝肥胖的治疗有别于成人肥胖。宝宝具有生长发育的特点,任何治疗措施都不应妨碍宝宝正常的生长发育。在成人期可以使用的手术去脂、药物减肥、饥饿疗法、禁食等,在幼儿期是不宜使用的,这些方法都有可能对宝宝的生长造成不利影响。短期快速减肥在幼儿期也是不提倡的。宝宝从正常体重长成肥胖,通常要经过数月或数年,在此过程中,身体的各个器官,譬如心、肺、肾脏等,已经逐渐适应了高体重的状况。短期快速减肥(例如一星期减去好几千克）大多减去的是身体的水分，人体水分快速丢失，使心、肺和肾脏等器官一时难以适应，容易出现循环系统的问题和导致肾功能损害，甚至会增加成年后心血管疾病的危险因素。以人体水分丢失为主要方式的减肥，难以持久，一旦减肥措施停止，体重会迅速恢复到原有水平。体重的大起大落，不仅对身体健康有害，且容易使宝宝对治疗肥胖失去信心。

减肥效果评价和减肥速度

在肥胖宝宝进行减肥治疗的过程中，有些父母急于知道宝宝在多长时间内能减去多少体重，希望采取减肥措施后能够迅速见成效。宝宝减肥用体重的绝对下降来衡量效果是不恰当的。宝宝的身高在不断增长，若能保持体重不增或缓慢增加，便达到了减肥的效果。具体的评价方法，可以采用超过肥胖标准的千克数来计算。例如，一位身高110厘米的男孩，体重27千克，超过肥胖标准4.6千克；减肥半年后，身高114厘米，体重还是27千克，超过肥胖标准3千克。尽管宝宝的绝对体重没有变化，但相对体重减少了1.6千克，说明减肥有效。通常，宝宝减肥速度控制在每月相对体重减少0.5~1千克较为合适。

肥胖的治疗方法

目前国内外公认适合宝宝肥胖的治疗方法是包括行为矫正、饮食调整和运动在内的综合治疗方案。幼儿肥胖形成是许多因素的结果，在治疗过程中若只用单一的方法，效果很不理想。国内外一些专家曾经用单纯的饮食控制或单纯的运动训练来治疗肥胖宝宝，结果不尽人意。不良的饮食、运动行为和生活习惯是引起肥胖的主要原因，想彻底根除肥胖，必须从这些引起肥胖的原因着手，建立健康的生活模式，只有这样，才能保持正常的体重。

健康宝宝的科学饮食方式

肥胖宝宝食欲极佳，喜吃糖、淀粉类、油脂类食物，而少吃蔬菜、水果，这类宝宝的体格发育和骨骼发育可超过同年龄小儿。皮下脂肪分布均匀，面颊、胸乳部、肩部、腹部脂肪较多，较大的肥胖宝宝大多性发育较早。宝宝发展为肥胖儿，再减肥是一件相当困难的事。

造成宝宝肥胖的原因除遗传因素外，主要是摄入过多和消耗过少。

科学喂养、哺育

（1）提倡母乳喂养，按需哺乳（宝宝饿了就可以吃），母乳喂养不易使宝宝发生肥胖。

（2）非母乳喂养的宝宝要按比例在奶中加糖，并定时、定量哺乳。

（3）添加辅食不要以高热量食物为主，强调增加多种营养素，如维生素、微量元素。

（4）饭菜中的三大营养物质糖、蛋白质、脂肪必须合理搭配，蛋白质食物要以瘦肉、鱼类、动物肝脏和豆制品为主，油炸类食物应该少吃。

（5）让宝宝多吃蔬菜、水果，尤其应以体积大、热量小的芹菜、萝卜、黄瓜、苹果为主。因蔬菜、水果不仅含有维生素，而且有通便的功效。

（6）少吃零食，特别是糖类食品。

（7）避免暴饮暴食。

预防肥胖

（1）定期测量宝宝体重，如发现体重增加较快，超过正常标准，要随时限制进食量，不使体重骤然增加。

（2）饭后不要让宝宝立刻睡觉，可先做一些适当的小活动。较小的宝宝父母可以陪着在床上玩一会

小贴士

减肥主要是减掉多余的脂肪，因此提倡运动控制肥胖。利用药物、节食等方式进行减肥不可取，宝宝正处在生长发育时期，如果一味控制肥胖而忽视全面的营养供给，会使宝宝的身高受影响或造成营养不良、贫血等症，得不偿失。

预防肥胖是比较困难的，但若等宝宝胖起来再去减肥则是更困难的，所以预防肥胖仍是首要之举。

儿。较大的可适当延长活动时间，但不宜进行剧烈运动，否则消耗多刺激食欲，难以控制饮食。

暑热证是怎么回事

“暑热证”医学上称为小儿夏季热，主要在炎热的夏天发生，并不是宝宝感染了病菌而发烧，而是因外界气温升高致使体温上升，因而也叫它“夏期高体温症”。体温通常在38～40℃，天气愈热，体温愈高。时间持续1～3个月之久，一直到天气逐渐凉爽了才自然告退。但在亚热带地区的宝宝，由于天气炎热时间长，即使不是在夏季，每年4月至10月都可能发病。

为什么宝宝易患暑热证

暑热证在发病年龄上很有特点，大多发生在6个月到3岁的宝宝，超过3岁后极少患此病。主要由于宝宝在3岁以前大脑的体温调节中枢还没有发育成熟，不能随着外界环境温度的升高而自行调节体温；汗腺功能也不足，出汗少而不容易散热。患暑热证的宝宝容易每年都发病。一般宝宝到了3～4岁后，身体内的体温调节系统逐渐成熟而不再发病。

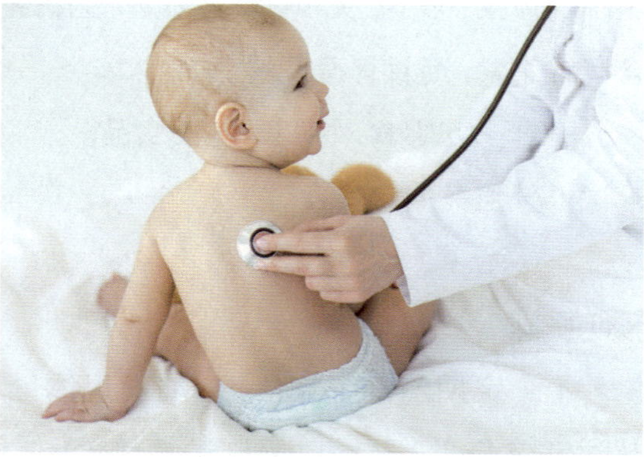

宝宝患暑热证的症状

发热为本病的主要症状，有如下特点：

1. 体温很少超过40℃，一般随着外界环境温度变化而改变。

（1）有些宝宝发热规律是从每天清晨开始，日间体温逐渐升高，下午渐降，到傍晚时最低，至次日清晨又开始升高。但有的宝宝发热并不规则，可能忽高忽低。

（2）发热持续时间长久，病程1～2个月，也有长至3～4个月的，在天气凉爽时慢慢好转。

（3）在房间温度低时或把宝宝带到凉爽之处体温会很快下降，恢复正常。

（4）退热药没有效果，与其他病菌感染引起的发热病不同。

2. 多饮多尿。

宝宝总是口渴，喜欢喝水，每天的饮水量可达3升以上。因喝水多，尿的次数每昼夜可达20多次，尿色很清，送去化验检查没有什么异常，只是尿密度低。

3. 少汗或无汗。

宝宝不出汗，只是有时可见头部稍有点汗。

4. 全身情况。

精神状态还好，有时可能会有消化不良或类似感冒的症状。倘若热度较高，宝宝会有惊跳、烦躁、爱哭及食欲下降等表现。

5. 实验室所见。

血液中白细胞并无增加，细胞分类也正常，这点也是与其他发热疾病不同之处。

预防对策

（1）如条件允许，到夏天应带宝宝去避暑地，或者换个清凉环境居住。

（2）天热时不要给宝宝穿着太多或太厚，以免影响身体散热。

（3）在初夏时经常给宝宝喝太子参、红枣煎汤，特别是上一年有暑热证的宝宝更要注意多饮。

居家护理

可把宝宝安置在温度22~24℃的房间，如有空调或电风扇房间，这是十分有效的。很多宝宝在凉快的房间内很快降温，其他症状随之好转，不要一见宝宝发烧就急于给喂退热药和抗生素。

具体还要注意以下几点：

（1）空调房需注意定时通风。

（2）电风扇不能直吹宝宝。

（3）室内应该放一支温度计，以便测控室温。

(4)3~4天后宝宝热度不退要去看医生。

(5)给宝宝洗温水浴，水温要比宝宝体温低3~4℃，每次20~30分钟，每天洗2~3次。

(6)多给宝宝喝清凉饮料，如西瓜汁、绿豆汤、冬瓜水等。

(7)饮食要清淡，水分要充足，多给宝宝喝一些菜汤，但盐不宜多，也不要吃油腻食品。

(8)在医生的指导下，服用一些解暑、益气、养阴、清热的防治暑热证的中成药及药膳。

需要注意的是，如果宝宝出现高热惊跳、烦躁不安情况，必须及时去医院就医。

小儿夏季热家居常备药及药膳调理

中成药

1. 生脉饮

成分：人参、麦冬、五味子。

功用：益气复脉、养阴生津止渴。

适用：夏季热的后期，气阴两伤，表现为身热不扬、自汗、口渴、肢体倦怠、少气懒言、脉虚神疲者。

用量：每次5~10毫升，每天2次。

2. 缩泉丸

成分：益智仁、台乌药、山药。

功用：温肾健脾、固涩小便。

适用：下元虚冷，不能温化水液，固摄无度所致的尿频者。

用量：每次1丸，每天2~3次。

3. 金匮肾气丸

成分：地黄、山药、山茱萸、泽泻、茯苓、丹皮、桂枝、附子。

功用：温补肾阳。

适用：肾阳不足所致口渴、多尿、形体消瘦、畏寒、舌淡、尿清而频等症。

用量：每次1/3～1/2丸，每天2~3次。

4. 藿香正气口服液

成分：广藿香、苏叶、白芷、白术、陈皮、半夏、厚朴、茯苓、甘草、大枣等。

功用：祛暑解表、化湿和中。

适用：湿阻呕吐、泄泻、发热、头痛等症。

用量：每次5～10毫升，每天2～3次。

药膳

1. 荷叶薏仁粥

方法：鲜荷叶半张，薏仁20克，精米50克，共煮粥。粥熟去荷叶，可加少许白糖服。

2. 马蹄银花饮

方法：荸荠250克，金银花25克，荸荠去皮捣碎，取汁液，与金银花共煎沸，代茶饮。

鲜西瓜皮、鲜荷叶各适量，煎水代茶饮。

适用于轻度暑热证。

宝宝记忆、思维、创造力的培养

骑竹马

培养目的：

锻炼宝宝身体动作协调性，训练宝宝的想象力。

小贴士

这种游戏大多安排在宝宝能较轻松、较自然地做跑步的动作以后进行。

在游戏中，父母和宝宝一起做骑马的动作是非常重要的。宝宝可以从中模仿父母的动作，更快地掌握骑马的动作要领；由于父母的参与，可以很好地调动宝宝参加活动的积极性和兴趣。

内容：

在进行游戏前，父母让宝宝看有关骑马的图片或电视，以便在宝宝的头脑里留下骑马动作的表象。

游戏进行时，父母先问宝宝："大人是怎样骑马的呀？"接着启发宝宝想象，并模仿出大人骑马时的样子。为了增加宝宝的兴趣，父母可为宝宝准备竹竿或别的东西代表马。然后父母再针对宝宝的反应和动作表现，进行适当引导和帮助，使宝宝逐渐学会骑马奔跑的动作。即：两只脚始终是一只脚在前，另一只脚在后做轮流向前跑的动作；同时，一只手拿着竹竿，另一只手微握拳，屈肘置于身体的一侧，像是握住马的缰绳一样，配合着两脚做协调一致的上下颠簸动作。父母可以在前面带着宝宝一起做骑马的动作，也可以和孩子并排做。

分开蔬菜和水果

培养目的：

训练宝宝分类能力和思维能力的发展。

内容：

父母准备一些蔬菜和水果，并将它们混合在一起，对宝宝说："妈妈不小心将蔬菜和水果混在一起了，宝宝能帮妈妈把蔬菜和水果分开吗？"然后请宝宝分。宝宝在分开的过程中出现错误时，妈妈可及时指出。如提醒宝宝："萝卜是蔬菜，还是水果呢？"让宝宝自己动脑考虑后，再重新分。若宝宝还不能分正确，妈妈可教宝宝："萝卜是蔬菜，应该放在蔬菜这边。"

父母所准备的蔬菜和水果都必须是宝宝已经认识的。游戏结束后，父母可洗净水果，奖励给宝宝吃，以增加游戏的乐趣。

猜一猜

培养目的：

（1）训练宝宝的手臂对重量的感知判断力。

（2）培养宝宝的记忆力和思维力。

内容：

父母准备一小块木头、一小块铁和一小块泡沫塑料和几块手绢，让宝宝看后，再用手绢分别把木头、铁、泡沫塑料包起来。然后叫宝宝掂一掂，说说是什么。若宝宝猜不出来，家长可以继续启发，问："哪块重？哪块轻？什么东西重呀？"只要宝宝说出哪块重或轻以及重或轻的东西是什么，父母就要表扬宝宝。并让宝宝把东西放在桌上，打开手绢，看看里面到底是什么，以证实猜测，加深印象。

感知事物的一两个特征，推测事物的性质是思维的过程，宝宝需要想象、记忆和猜测什么东西是重的，什么东西是轻的。

找玩具

培养目的：

训练宝宝的观察力和思考力、方位知觉以及培养做事专心的习惯。

内容：

父母可以把宝宝带到户外的大树旁，把宝宝的玩具藏起来。在藏之前，先让宝宝看一看、数一数，说一说有哪些玩具，然后再藏。让宝宝找玩具时边找边数，父母在一旁启发："两个了，还有什么呢？小汽车呢？看看树后面。"宝宝全部找出来后，父母要给予鼓励。

父母还可以准备一张图，对宝宝说："妈妈想考考你，看看你的眼睛亮不亮。"指着图问宝宝："好好看，这棵树这儿有什么动物呀？"若宝宝不能全部找出来，父母可启发引导宝宝找，在启发引导时注意用方位词，如："看看大树上面是什么？""再看看树的后面是什么？"等等。直到宝宝找出所有动物。

开火车

培养目的：

训练宝宝的想象力及交往能力。

内容：

父母带宝宝到户外做此

小贴士

宝宝这个时期的角色游戏常常局限于对角色的一两个动作的模仿。为了改变这种情况，父母必须注意丰富宝宝的生活经验，并参与和引导游戏。如宝宝除了“喂娃娃吃饭”以外就不知道该做什么了，妈妈可以引导宝宝给娃娃打针，给娃娃洗澡等，逐渐地丰富角色游戏的内容。

游戏，并且邀请两三个小朋友一起玩。游戏开始前，父母先和宝宝一起谈论火车是怎样由车头带领前进的。

游戏开始时，一个小朋友站在外面做火车头，其他人相距远一些围成一个大圆圈，每个人站的地方代表一个车站，宝宝们都站着等火车。做火车头的小朋友边绕着圆圈走，边用两手在体侧做环形运动，表示车轮在转动，嘴里发出“哐当哐当”的声音。每走到一站做火车头的宝宝都要停下，在站台等候的小朋友可以自己决定是否“上火车”。上车的小朋友就跟在“车头”后面拉着前面小朋友的衣服走。车上的宝宝可以在任何一站下车。宝宝们都喜欢做车头，所以应让他们轮流当火车头。

宝宝做饭

培养目的：

训练宝宝的想象力、表象构成能力以及创造思维能力。

内容：

父母为宝宝准备好一些玩具厨具，如锅、碗、铲子、勺子、切菜刀等。宝宝常会对妈妈做饭很神往，妈妈可以给宝宝一些不用的菜叶，让宝宝去切、去炒。切的时候，妈妈可以提醒宝宝“小心点，别把手切了”；炒的时候，妈妈可以提醒宝宝“放点盐，菜才有味儿”，然后，递给宝宝一个空瓶子，让宝宝假装往锅里放盐。

2岁多的宝宝对游戏的动作很感兴趣，但是宝宝的角色意识还很弱。比如给他菜叶，他会去切，但是没有想去扮演角色。若妈妈乘机引导说：“你是小厨师，让妈妈尝尝你做的菜香不香。”经过妈妈的提醒，有角色的游戏就产生了。

摆盒子

培养目的：

训练宝宝的大小概念，促进宝宝思维能力的发展。

内容：

父母为宝宝准备一些大小不同的盒子，问宝宝："这是什么？"宝宝回答以后，父母接着说："对，这是盒子。哪个盒子最大？哪个盒子最小？"等宝宝指出来以后，再让宝宝把这些盒子从小到大排列起来。

指导：

刚开始玩游戏时，父母先给宝宝三四个盒子让宝宝摆，等熟练以后，再增加盒子的数目。

拼火柴

培养目的：

通过手指的精细动作来发展宝宝的想象力、形象思维以及创造性思维的能力。

内容：

父母给宝宝一些火柴棍或牙签做游戏。游戏开始时，父母可先给宝宝摆一些简单的图形，如正方形、长方形、三角形、小凳子等，让宝宝先模仿，逐渐地就可以让宝宝自己去创造图样了。

需要注意的是，倘若父母给宝宝的是火柴，玩完后必须收回，以免发生火灾。这是利用木棍做材料的一种结构游戏。牙签、火柴棍很好找，父母可以经常教宝宝做这个游戏，发展宝宝的想象力和思维能力。

找不同

培养目的：

通过视觉来发展宝宝的观察思考能力。

内容：

父母让宝宝仔细地看看，哪一件东西和别的不一样？为什么？

指导：

宝宝需要说出理由：它是方的，别的是圆的。

打仗

培养目的：

训练宝宝的想象力，促进亲子关系的发展。

内容：

父母和宝宝各拿一根短棒子做枪，嘴里说着“冲啊！”冲向对方，两根棒子相撞。假想打仗过程中可能出现的各种情况，如坦克被敌人撞坏了、坦克没油了、发射炮弹等，让宝宝自己做出反应。比如，坦克被撞坏后修理坦克，坦克没油了给坦克加油等动作。

指导：

（1）这个游戏比较适合男孩子玩，通常男孩喜欢玩刀、枪及打仗游戏。

（2）随着宝宝游戏水平的提高，对玩具与实物之间相似程度的要求越来越低，模仿的动作也越来越简单，宝宝会用想象力弥补玩具的不足。打仗游戏力求让宝宝发挥想象力，在几乎一无所有的情况下想象出各种情景。

（3）在游戏进行中，父母应该多启发引导宝宝。

PART 2

2岁4月至2岁6月

此阶段宝宝已经能用脚尖比较自如地在一条线上行走，拐弯的时候也能保持平衡；可以不扶任何物体，单脚站立几秒钟。

宝宝对各种事情都特别感兴趣，什么事都想尝试一下，经常把家里搞得乱糟糟的。“多”与“少”的概念在宝宝的意识里已经非常明确，如果在他面前摆放两堆5个以内的物品，宝宝已经能分清楚哪堆多哪堆少。

宝宝特别喜欢与小朋友一起做游戏，常用的礼貌用语已经掌握了，在帮其他小朋友做事以后，会要求对方说“谢谢”。背诵是宝宝喜爱的学习方式，现在宝宝能熟练地背诵1~2首唐诗了。

第一章 2岁4月

- ◎ 宝宝不易常用的食品
- ◎ 宝宝退缩行为的成因及对策
- ◎ 宝宝的房间设计
- ◎ 宝宝安全着装法则
- ◎ 孩子胆小怎么办

家居安全注意事项

日常生活中，经常有因父母没有采取必要的防患措施，而发生宝宝受到严重伤害的事故，因而平时要注意以下方面：

（1）把所有的药物放在上锁的药箱或抽屉里，使宝宝无法拿到。有颜色的药片，最容易引诱宝宝去品尝。

（2）不要把热水壶、热茶壶放在低矮的地方。

（3）所有的电线应保持良好状态（不要散开或损坏），电线若短，不要让宝宝拉到。若有额外加长的电线，应绑至需要长度。

（4）把所有电源插座装上安全盖，防止宝宝把手指或其他尖锐物件塞入插座中而导致触电。

（5）家庭电器用完后记得切断电源。

（6）所有楼上的窗户、阳台最好装上铁护栏，避免把有些东西靠窗口放（如床、椅子等），防止宝宝爬上去发生意外。

（7）把尖利用具如剪刀、刀、针收好。

（8）不要把喷雾式杀虫剂、喷雾发胶到处放，以免宝宝乱按而喷伤眼睛。其他如火柴和打火机，也应收好，避免宝宝拿到。

（9）熨烫衣服时必须特别留意，别让宝宝靠近，以免烫伤。

（10）家具应重些，以免宝宝弄倒后砸伤。

（11）必须确保家中栽种的植物无毒。

卫生间

（1）剃须刀、电吹风及化妆品不应随手乱放，应放在宝宝拿不到的较高地方。

（2）把所有消毒剂、漂白剂、清洁剂收好。

（3）把马桶盖好。

（4）给宝宝洗澡时，要先开冷水，调好水温，再把宝宝放入浴盆里，以预防意外烫伤。

（5）浴室不要铺太滑的地砖、地板革等，以防宝宝跌倒摔伤。

厨房

（1）厨房地面和切菜板应保持干净，尽量减少水滴，注意菜刀不要随处放。

（2）用长柄锅煮东西时要注意看管，注意把长柄转向里边，以免宝宝经过时碰翻锅而烫伤。

（3）不要把东西放在桌布上，特别是开水、热油、热菜，防止宝宝拉到桌布后，把这些热东西弄翻而致烫伤。

（4）用油炒、炸食物时，不要让宝宝站在旁边，以免热油溅烫。

（5）把塑胶袋收好，不要让宝宝拿到，以免塑胶袋意外套住宝宝的头造成窒息。

（6）宝宝的餐具，应用不易碎的材料，如硬塑、搪瓷等，以防打碎后割伤。

卧室

（1）如果家具角太尖，应用布包缠。

（2）把玩具放在宝宝容易拿到的高度，使宝宝不必爬高，以免摔伤。

（3）不要把玩具随地乱放，以防踩到而摔伤。

（4）定期检查玩具有没有损坏或零件松脱，以防宝宝把零件放入嘴中而造成意外。

注意宝宝饮食方面的危险

餐具

有些父母喜欢为宝宝选择色彩鲜艳、图案漂亮的餐具，却不知颜料中含有

铅。宝宝经常使用这种餐具，摄入过量的铅，会引起铅中毒，影响健康。父母选择餐具要注意其原料无毒、无害，符合国家规定的卫生标准。适宜选用无色或浅色的餐具，图案、花纹在碗的外层或盘子的边沿，比较安全。

宝宝不宜使用玻璃或瓷器类易碎的餐具，以免失手打破，造成伤害。

不锈钢和铝制的餐具传热较快，宝宝易被烫着手、嘴。若想让2岁的宝宝学习用筷子，父母必须密切注意，以防不慎扎伤，筷子要短，头不可尖。

进食

宝宝吃饭慢，喜欢含着饭，父母不要催促，如发现宝宝恶心或有硬塞现象，应马上让宝宝把嘴里的食物吐出来。

睡觉前要让宝宝把嘴里的食物吐净，睡眠时神经反射活动减弱，咽喉肌肉松弛，食物容易滑入气管，是非常危险的。

宝宝的食物温度要合适。父母食用的热汤、热菜要放在宝宝够不着的地方，父母端开水、热汤进屋要提醒宝宝避让。

食物中毒

宝宝应避免吃凉拌菜，买来的熟食也要蒸煮后再吃，以免引起肠道感染和食物中毒；在家庭自制沙拉前，刀具、器皿必须消毒；买来豆浆须煮沸后，才能给宝宝喝。

从冰箱里拿出的食物要烧开煮透才能食用。隔夜食物、喝剩下的牛奶，应避免再给孩子食用。

家禽的内脏和鱼、虾、蛋、奶都是容易变质的食物，必须特别注意保持新鲜。

开水反复烧开，会产生亚硝酸盐，蒸锅水、热水瓶里的隔夜水再次烧滚后也不宜给宝宝饮用。

宝宝不宜常用的食品

可乐饮料

可乐饮料中含有一定量的咖啡因，咖啡因对机体中枢神经系统有较强的兴奋作用，对人体有潜在的危害。宝宝处在身体发育阶段，体内各组织器官还没有发育成熟，身体抵抗力较弱，喝可乐饮料产生的潜在危害可能会更严重。

爆米花

爆米花中铅的含量很高，铅对人体危害非常大。铅进入人体后，会损害人的神经系统、消化系统和造血功能等。宝宝常吃爆米花，很容易发生铅中毒，出现食欲减退、腹泻、烦躁不安等症状，并可能导致抵抗力下降和生长发育迟缓等不良后果。

人参食品

宝宝不宜多食人参食品，人参有促使性激素分泌的作用，食用人参食品会导致宝宝性早熟，严重影响身体的正常发育。

腌咸鱼

各类腌咸鱼都含有大量的二甲基亚硝酸盐，这种物质进入人体后，会转化为致癌物质，宝宝抵抗力较弱，这种致癌物对宝宝的毒害更大。

罐头食品

罐头食品在制作过程中都加入一定量的食品添加剂，如色素、香精、甜味剂、保鲜剂等。宝宝身体发育迅速，各组织对化学物质的解毒功能较弱。如宝宝常吃罐头，摄入食品添加剂较多，会加重各组织解毒排泄的负担，从而可能引起慢性中毒，影响生长发育。

泡泡糖

泡泡糖中含有增塑剂等多种添加剂，对宝宝来说都有一定的微量毒性，对宝宝身体有潜在危害。倘若宝宝吃泡泡糖的方法不卫生，常造成肠道疾病。

过咸食物

许多父母喜欢吃过咸食物，宝宝也被迫跟着吃，时间久了，易引起宝宝高血压，特别是有高血压家庭史者更应注意。为了预防高血压或其他心血管病的发生，从小儿起就应养成少吃盐的习惯。

根茎多的食物

如芹菜、黄豆、苋菜等，宝宝吃这些食物，不像大人那样咀嚼很细，有时形似咀嚼，其实是囫囵吞枣，极易引起消化不良。

多量的动物脂肪

动物脂肪（动物油）主要含有饱和脂肪酸，宝宝若大量食用可影响钙质的吸收，对健康不利。如果是吃动物油较多，可造成血脂和血中胆固醇增高，使宝宝较早地发生心血管疾病。

浓茶

茶叶中所含的单宁能与食品中的铁相结合，形成一种不溶性的复合物而影响铁的吸收。如果宝宝经常喝茶，很容易发生缺铁，引起缺铁性贫血。喝茶还可以使宝宝兴奋过度，烦躁不安，影响其正常睡眠；茶还可以刺激胃液分泌而引起腹胀或便秘。

鸡蛋清

这个年龄的宝宝消化系统发育还没有完善，肠壁的通透性较高，而鸡蛋清的蛋白分子很小，可透过肠壁直接进入血液中，导致机体对异体蛋白分子发生过敏反应，从而出现荨麻疹、湿疹等疾病。

注意宝宝衣物方面的危险

颈部衣饰

颈部衣领应柔软、合适。领子又高又硬，宝宝转头时压迫了颈部大血管，会造成脑细胞暂时缺血缺氧。硬领、紧领还会擦伤宝宝颈部的皮肤。

颈部是需要细心保护的部位，冬天要注意保暖，以防呼吸道感染；夏天要注意透气，适宜穿无领衫。领口不要有带子，以免发生绕颈的危险。宝宝戴领巾、围巾不可过紧，也不可过松。过松容易被各种把手、攀登架、滑梯上凸出部位钩住，造成窒息的危险。

衣服上的小饰品

宝宝喜欢摆弄小玩意儿，衣服上的扣子、别针、小饰品一旦松动、脱落，很容易被宝宝取下含在嘴里，或被戳伤。扣子不要有尖角，不能太小，拉链的拉环要足够大。新做的衣裤上身前要检查一下，看是否留有缝衣针和大头针。照料幼小宝宝的母亲，不宜戴长耳环、项链和戒指。

裤子

宝宝的裤子不可太紧，裤裆不能太短。太紧的牛仔裤、紧身裤不仅穿着不舒服，还会影响宝宝的发育。裤裆要够长，否则会勒疼勒伤宝宝的会阴部。

鞋子

幼小的宝宝最好不穿皮鞋，特别是不穿硬面硬底的窄头皮鞋。宝宝穿皮鞋不舒服，活动不便，而且容易打滑摔跤。

宝宝还不会系鞋带，不要穿有带子的鞋，以免松散的鞋带绊倒宝宝。

注意宝宝出行的危险

行走

提醒宝宝走路时不要把双手插在上衣或裤子口袋里。双手在外，不仅能保持平衡，万一跌倒，手还可以支撑地面，保护头面部不受更大伤害。

宝宝手持棒棒糖或冰棍边吃边走，一边吹泡泡一边跑，口含硬糖块或嚼着泡泡糖，边玩耍边嬉笑都有一定危险性，父母必须及时劝阻。

父母带宝宝在路边行走时，要让宝宝走在里面，不能让宝宝走在车辆通行那一边，以防被碰伤。在车辆较多的地方，父母还要注意拉住宝宝的手，以防

宝宝一时心血来潮，突然向前猛跑，父母阻止不及而被车辆撞伤。

在高楼下行走要当心，特别是刮大风时，要提防高楼坠物伤人。

夜间走路要带电筒，防止不慎跌入无盖的下水道或水洼。

高压电线落地后，10米之内都可能导电，要注意避让。不要带宝宝穿越建筑工地或年久失修废弃的建筑。

上下楼梯

父母要注意，不要让宝宝自己溜出家门。宝宝自己上楼时，父母必须在后面照顾；下楼梯时，父母要走在前面防护。不但要注意安全，也要培养宝宝独立上下楼梯的能力。

骑乘自行车和童用车

推车带宝宝上街，尽量少去人多车挤的地方，过多吸入车尾气，对幼小的宝宝不利。也不要到放鞭炮、踢球的场地去看热闹，以免误伤宝宝。骑自行车带宝宝容易将孩子的足踝夹入车轮，造成损伤。带宝宝骑车必须架设专门的座位和踏脚，并在车后轮装上防护装置。

没有父母带领，不要让宝宝骑小三轮车上街。

乘车

乘公共汽车，父母要把宝宝抱在胸前，不要把宝宝背在背后上车。宝宝在大人后面，司机不容易看见，关车门时可能会夹伤宝宝。

如果鼓励宝宝自己上、下车，要让宝宝先上车，父母在后面托一下；下车时，父母先下车并在车门旁接一下，以免宝宝跌下车。

带宝宝乘车，必须时刻提防急刹车。有安全带的，要系上安全带，或将宝宝抱在身上。宝宝站在椅子背后或栏杆旁时，父母要用手垫在宝宝可能会碰撞处，要特别注意保护头部。

3岁前宝宝大舌头不用急

婴儿期不易判断舌系带是否短缩

有许多妈妈抱着生后仅数月的宝宝要求给宝宝做舌系带手术，自认为自己的宝宝舌系带短，担心今后会影响说话、学外语。

舌系带短缩是一种先天发育异常。主要表现是舌腹部附着点前移至舌尖或接近舌尖，或牙槽嵴附着点上移至牙槽嵴上部，或者附着点都正常，而因系带过短致使舌运动受限，舌前伸时，舌尖出现沟状，呈“w”形；卷舌上抬时，舌尖不能抵触前腭部，严重者影响吮乳、进食和语音清晰，俗称为“大舌头”。

但因婴儿牙齿未萌出，牙槽嵴尚未发育，所以显得口底较浅，舌系带的附着点超前、超上等，并不一定是异常。随着牙齿萌出，牙槽嵴的发育和舌的不断运动，舌系带附着点会随之逐渐退降，舌系带也会随之不断地松弛增长。通常无吮乳障碍者，在婴儿期内急于做舌系带延长术是不合适的，甚至是有害的。

宝宝舌系带短缩该如何做

真正因舌系带短而引起语音异常者，是极少见的。语言的发达是智力发育的重要表现，因宝宝智力发育的个体差异很大，因而其语言表达水平也不尽相同。因舌系带短缩而引起的语言不清，仅表现在“l”“r”等几个特定的拼音字发音不清，而不是全部的语音不清，更不是语言障碍。而在宝宝的学语期，“l”和“r”等音学得比较晚。许多宝宝虽然大部分话都已会说，但唯独“花儿”“姥姥”等发音不清，就是这个道理。

倘若怀疑自己的宝宝舌系带短缩，妈妈应观察语言不清是什么原因，训练宝宝伸舌和舔上牙膛的舌运动，观察是否出现舌系带短缩表现，这大概需3岁后方能做到，此时可明确断定舌系带是否短缩。

儿童的“情商”是什么

情商（Emotional Quotient，简称EQ）的概念最早引自美国耶鲁大学心理学家彼得·塞拉维和新罕布叶尔大学的约翰·梅耶的理论体系，其含义是指个人对自己情绪的把握和控制，对他人情绪的揣摩和驾驭，以及对人生的乐观程度和面临挫折的承受能力。

由情商不能不联想到智商，智商是智力商数的简称，英语简称IQ（Intelligence Quotient），它是科学测定智力（包括观察力、想象力、记忆力、思维力、创造力等五个方面的能力）所获得的数据，用以表示人的智力水平的高低。一个人的能力是由智力能力和非智力能力两个部分组成的。倘若说智商是衡量人智力能力的指标，那么情商则是衡量人非智力能力的重要参数。若说智商分数更多地被用来预测一个人的学业成就，那么情商分数则经常被有效地用来预测一个人职业及生活能否成功。

目前，人们普遍意识到早期教育对儿童的重要性。但是更多的家长把早期教育片面地理解为早期智力开发，所以大多数家庭的父母只重视智力因素的开发和培养，而忽视了非智力因素对宝宝未来成功与命运的影响。

大概“马什么马洛”糖果实验可以更明白地说明情商对儿童未来发展的重要性。实验开始，年仅4岁的宝宝们依次走

入一个简朴的房间，面对一堆诱人的糖果，开始接受考验："你们现在只能拿一颗糖果，若你们能等到我办完事回来，就可以拿到两颗糖果。"有的宝宝非常冲动，还未等研究人员出门就拿了一颗糖果，有的则等了几分钟才拿糖果。另外一些宝宝却努力用尽各种方法让自己坚持下去，或者闭上眼睛不去看诱人的糖果，或者低着头玩弄自己的衣角及手指。当然这些能坚持的宝宝得到了两颗糖果。两种反应的宝宝在青少年时期所表现的情绪适应与社会性方面的差异十分显著。4岁时就能抵抗诱惑的宝宝社会适应能力较强，较有自信，人际关系较好，有压力情况下不容易崩溃。

情商的教育可以更好地反映个体的社会适应性。高情商者之所以更受欢迎，就在于他能及时准确地对他人和自己的情绪作出准确的判断，并在此基础上相机行事，调整自己的言行；而且还能有一定的意志力和坚持性，来达到自己想要达到的目标。

自情商这个概念提出以来，已受到社会各界的普遍关注，人生成功的方程式也由此改写为：100%的成功=20%的IQ+80%的EQ。目前EQ在国外已经被许多国家纳入正式教育，有些学校甚至已经把它与传统的数学、语言等课程并列。国内的幼儿园也非常重视儿童情商方面的培养。情商正在日益引起人们的重视，培养高情商的宝宝也正在成为许多教育者的共识。

个别儿童智能偏低的另类说法

在儿童去保健所做智力测试时，有时会出现儿童在某一项目上得分很低，妈妈会为此忧心忡忡，情绪低落，生怕宝宝智能有问题，以为很难再改变了。

宝宝个别项目得分偏低，还能提高吗？回答是肯定的。其实这正是智力测试的目的——找出问题，以利提高。

家长有顾虑不足为怪。在我国做小儿智力测试是从20世纪80年代初才盛行起来的。智力测试在国外开展得很早，已有多种智力检查量表问世。量表是

小贴士

有些家长用测得的智商分数来评定宝宝智能的优劣，这是大错特错的。实际上，在人群中智能超常或低下的，各不超过1%~5%，绝大多数人，智力均在正常范围。尤其是宝宝的一次智力测验，只能发现宝宝当时的神经及精神发育状态，不会是一成不变的。宝宝是不断发育变化的有机体，神经及精神系统潜存的能力很大，倘若教育得法，会加快提高的速度。

由小儿心理学家、教育学家或医务工作者，根据小儿神经精神心理发育不同阶段的各种表现特点，通过检查大量小儿，总结、平衡、归纳制成的。量表的许多测验项目，是宝宝在一定年龄阶段内所能学习掌握的内容。其结果以智商表示，根据智商评定正常、超常或智力低下。就量表的各具体项目来看，小年龄组以身体的动作发育为主，随年龄的增长逐渐增加应人能力、应物能力，随着脑高级神经机能的逐渐分化成熟，则有语言、探索能力等表现出来。

对每个宝宝来说，尽管总智商在正常范围，但各项目的具体发育常常是不平衡的。

智力测验的各个题目，是根据小儿脑发育情况，在相应的年龄阶段能够学习掌握的内容制定的。但对脑发育本身来说，有一个接受教育的最佳时期问题。例如，教宝宝认识红、黄、蓝三个基本颜色，是2~4岁时期，平均为3岁。教一个两岁半的宝宝，如果学会了，那么智测中在这个项目上就会得高分。这就是早期教育取得的效果。在训练宝宝手的技巧方面，有许多5岁的宝宝没有拿过剪刀，不是宝宝学不会，而是家长怕出危险，不敢教宝宝。这样该项目智力测验分数必然低。又如算数方面，3岁的宝宝通过实物能真正理解数的含义，会3以内的加减法，5~6岁会10以内的加减法。但在正常宝宝中，也有个别提前或落后一些的，这大概是因为有的宝宝被家长训练过，而有的宝宝接触这种训练较少，并不一定是能力弱，对此只要通过实物训练，加强理解和运算，一定会提高的。

猩红热并发症的防治对策

什么是猩红热

猩红热是由乙型溶血性链球菌引起的一种急性出疹性呼吸道传染病，中医称其为“烂喉痧”。

猩红热主要发生在冬春季节，好发于2～8岁的宝宝。传染性很强，发病前24小时至疾病高峰期传染性最强。

猩红热的传染途径

（1）患猩红热的病人与正常人接触，通过飞沫直接传染。

（2）被乙型溶血性链球菌感染的非猩红热病人，如患急性扁桃体炎、咽炎者，或是不发病的带菌者（呼吸道有链球菌）亦会传染猩红热。往往可见到幼儿园有的宝宝发生上述感染后，就有宝宝患上了猩红热；或是家里有人患了扁桃体炎、咽炎，宝宝由此染上了猩红热。

宝宝患病时有哪些表现

一般起病很急，患儿一会儿冷一会儿热，轻者发烧38~39℃，重者可达到39～40℃，伴明显的嗓子疼，扁桃体红肿或扁桃体上出现化脓物，呕吐和头痛。多数患儿在发病后的12小时身上出现皮疹，最早出现的部位是颈部、上胸部，一天就可遍布全身。皮疹的特点为疹子如针尖大小，呈猩红色的小点儿，高出皮肤表面，摸上去有鸡皮样粗糙的感觉；疹子之间没有正常的皮肤，呈现一片红晕。若是用手触压，红色退去，暂时显现出白色，但10余秒后又恢复原有的样子。口鼻周围皮疹很少，与额部和面颊的猩红色形成鲜明对比，而成“环口苍白圈”。患儿的腋下、腹股沟、肘窝等关节皱褶处皮色素加深。皮疹出现后的3～4天，患儿的舌乳头明显充血肿大，状如杨梅，被称为“杨梅舌”。发病1周后，皮肤开始出现片状脱皮，就像被太阳暴晒后皮肤潮红出现脱皮一样，但不留任何疤痕和色素沉着，持续2~4周，这是猩红热皮疹的一个佐证。大多数患儿在皮疹出现后体温下降。

做周围血化验，白细胞明显升高。

防治对策

（1）不管是幼儿还是大人，只要与猩红热患者有过接触，都应尽快服药预防。同时，还必须密切观察1周，以便及早发现病情。

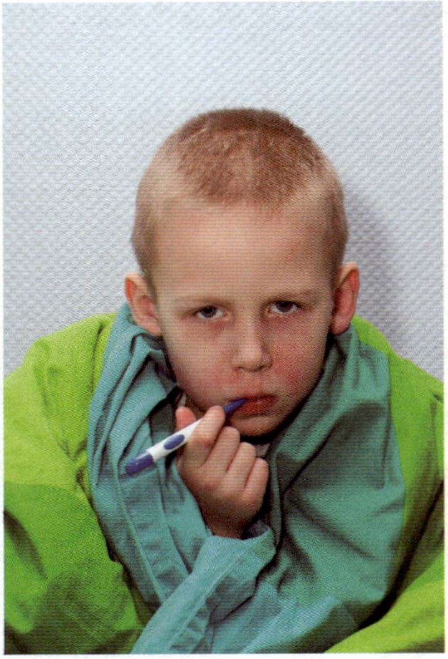

（2）对猩红热患儿要进行隔离治疗，以免传染别的宝宝。通常在治疗1周后方可解除隔离。

（3）患儿要卧床休息，多喝白开水，吃清淡易消化的食物。

（4）猩红热是一种必须使用抗生素的疾病。早期注射足够的青霉素，可以缩短病程，加快病愈。

一般在注射青霉素1~2天后，皮疹可消退，体温也慢慢下降，但不要因此而随意停药，还需听从医生的指导，继续用药1~2周，直到彻底治愈。不然体内的溶血性链球菌并未完全消灭掉，会引起很多严重的并发症。

病愈后为什么还会出现异常

猩红热的皮疹是溶血性链球菌产生的一种红疹毒素引起的，它还可作为一种变态反应原刺激产生变态反应并发症。这类变态反应发生的时间通常在猩红热病后的2~3周，此时正是链球菌感染后体内产生抗体的时间。常见的变态反应有：

（1）风湿性心肌炎。宝宝病愈后又出现发烧、皮疹，并伴心慌气短、胸口闷和心脏部位痛。

（2）风湿性关节炎。往往出现在大关节部位，且呈对称性，关节处红肿热痛，并分别在各大关节出现。

（3）急性肾炎。宝宝出现尿量减少、尿色变深或血尿、眼皮和下肢浮肿。猩红热病康复后2~4周，应该检查尿常规。

宝宝在猩红热病愈后，妈妈应注意观察是否有以上症状，倘若有，则要迅速送宝宝去医院住院治疗。若是耽误病情，则有可能发生生命危险。

宝宝应少吃油炸食品

倘若把油倒在桌子上，过不了几天油就会产生一种难闻的气味，有人称为“哈喇味”。这就是一个信号：油脂已经氧化酸败了，不能再食用。

消费者在食品配方中看到“抗氧化剂”的字样，多会发现这种食品富含油脂。在食品加工中最让人头痛的问题不是怎样对付细菌，而是怎样对付脂肪的氧化。微生物的活动需要水分、需要合适的温度，只要控制这两项就可以制服它们；但油脂的氧化却既不需要水，也不怕低温，只要有一点儿空气就能发生，这就很难控制了。研究发现，即使把食物保存在冰箱里，时间长了照样发生氧化变质；即使加热杀菌，也不能阻止氧化。

油脂氧化会使油脂中的必需脂肪酸和维生素E等营养成分被破坏，产生促进人体衰老的“自由基”和多种有毒、致癌物质。不吃不新鲜的油脂，是健康生活的一大原则。

有了油就有可能氧化，含油脂食品的保质期受到严格的限制。油炸的方便面、油炸的土豆片、油炸的麻花、油炸的豆腐泡、油炸的丸子……在商场中存放1周就会变味。

因此，抗氧化剂应运而生。它们的特点是可以在油脂氧化的过程中“截住”自由基，使其不能继续破坏捣乱，从而延长食品的保存期。但至今仍然没有一种抗氧化剂可以完全解决脂肪氧化的问题。现在用的抗氧化剂只能延缓氧化的发生，却不能够完全防止它的发生。因而，人们采用了许多其他的办法。例如，在炸方便面时选择相对不容易氧化的油脂，采用真空包装，在保存时放在温度低、光线暗的地方，在油炸食品的包装袋内放置除氧剂等，都有较显著的效果。

所谓除氧剂，通常是铁粉、维生素C粉等，用纸包小袋放在外包装袋里。它们特别容易与氧发生反应，还没等包装袋中的氧气与油脂发生作用，就提前把氧气吸收干净。这样，油脂就安全得多。

宝宝退缩行为的成因及对策

当许多小朋友在游泳池中开心地玩耍时，一个宝宝却穿着漂亮的泳衣，拿着好看的救生圈坐在池边不肯下水，妈妈怎么哄都无济于事，最后就硬将宝宝拖下水，弄得宝宝大哭起来，心理学将这种行为称作“退缩行为”。

退缩行为是一种不良的性格特征，表现为做事没有信心，不敢与别人交流，依赖性强，不愿意也不能独立完成一件事情。造成宝宝退缩的原因有二：一是父母包办过多，宝宝没有选择权利，也没有做决定的机会，使宝宝总是依赖家庭而迈不出家门。这种宝宝在与小朋友相处时，若没有妈妈在一旁，就不敢走向小朋友。只有妈妈鼓励，甚至陪着，宝宝才有与其他小朋友玩的勇气。二是父母对宝宝要求太严，使宝宝由于怕失败，而不敢按自己的意愿做事，导致自信心丧失。大多数家长认为家庭教育的目的不在于实现儿童自身的价值，而在于实现儿童的“家庭价值”，就是通过儿童的成就使家庭（家族）荣光、兴盛。因而总是要求宝宝做事完美，做不好就训斥甚至挖苦宝宝，慢慢地宝宝就失去了信心，直至什么事情都不敢也不愿去做。

对待宝宝退缩行为应采取有效的抚育策略：

（1）让宝宝自由发展。鼓励宝宝发表自己的见解，去做自己想做、能做的事。如当父母与宝宝外出游玩时，不妨让他自己选择穿什么衣服，去哪里玩；当父母希望宝宝与小朋友玩时，不要总是说“去外面玩”“你要主动与他们玩”。

（2）正视失败，宝宝在玩竞赛游戏时，一察觉可能会输，就马上放弃，说“不好玩，我不想玩了”，这时，父母不要说“真没有用”“你那么笨，连那样的动作也不会"，使宝宝压力增大，失去信心。应当认识到这是宝宝发展过程中的正常现象，用平和的态度接受，然后与宝宝一起心平气和地讨论他受挫的原因，暗示他解决的策略，引导宝宝自己思考解决问题的方法，并鼓励他重新去做这件事。也要倾听宝宝的心声，给宝宝解释的机会，鼓励宝宝自我评判。

（3）及时鼓励。宝宝能主动迈出与人交往或做事的第一步后，就要鼓励他。慢慢地宝宝就不再退缩，会主动、积极地与人交往，并且愿意做一些力所能及的事，体验成功的喜悦。

春季出游易发病症及其化解法

在出游前妈妈应该对一些容易发生在旅途中的疾病及其处理方法有一定的了解，这样，在带宝宝出游时才能有备无患，使出游成为成功之旅。

水土不服

"水土不服"是对新环境不适应的表现。常常见于身居北方城市而千里迢迢前往南方，或者长期住在南方突然来到寒冷北方的宝宝。因气温、环境乃至生活习惯的突然变化，容易产生"水土不服"。最常见的表现为宝宝食欲不振、恶心、呕吐，一日腹泻3~4次，有的还可表现睡眠不佳、疲惫、乏力及不爱活动等，少数出现发热、咳嗽等。

化解法：

（1）"水土不服"对宝宝的影响不会太大，妈妈应随着环境变化随时给孩子更换衣服，防止着凉或过热；其次饮食应适当节制，尤其注意饮食卫生，少吃或不吃当地难以消化的"特殊"食品。

（2）出现消化道症状可服用乳酸菌片及肠道消炎药。如果症状严重，应当立即就医。

（3）初到时不要立即带宝宝外出活动，应保证充分休息，等消除了旅途中的疲劳后再外出游览。

肠炎和痢疾

宝宝来到新的环境后无疑会感到新鲜和高兴，但因环境改变和身体疲劳，抵抗力会减弱，若投其所好随意在街边小摊上购食未经消毒的水果，不符合卫生标准的食品和饮料，同时进食毫无节制，很容易引发急性肠炎或细菌性痢疾。表现为发热（严重时可达39℃以上）、腹痛、恶心、呕吐及腹泻频繁，每日5～6次，甚至10余次。外观呈不消化黏冻状，重者可为水泻，宝宝频有便意。

化解法：

（1）倘若染病立即到医院就诊，及早使用抗生素并进行静脉输液。

（2）预防发病的关键是注重饮食卫生，养成饭前便后洗手的良好习惯，不吃不可靠的食品，同时饮食应该有规律且有节制。

上感和流感

气候和环境的突然变化，若是不及时采取相应措施，且让宝宝到人多拥挤且通风不畅的场所，很容易得上呼吸道传染病。主要表现为持续高热（可达39℃以上）、流涕、咽痛、咳嗽等，严重者甚至可出现嗜睡、谵语、惊吓或喘憋等。

化解法：

（1）应立即送往医院，积极选用合理的退热办法，并根据宝宝病情采取相应措施。

（2）若是在流感流行季节外出，应该提前进行预防接种。

晕吐

由于旅途道路颠簸，影响到内耳的平衡功能常发生晕车症状，以眩晕为主，严重时宝宝面色苍白、恶心、呕吐。但乘坐火车时（尤其是卧铺）一般不会发生晕车。

化解法：

（1）晕车的宝宝乘车时，应该坐在靠近车头（最好是司机、旁边）的地方，以减少颠簸。还可在开车前服用适量的乘晕宁或三溴片等药物，也可加服维生素B_1、B_6片等。

（2）有晕吐史的宝宝乘坐期间应节食和节水，到达目的地后稍事休息（最好能入睡片刻），眩晕便可去除。

（3）乘船时特别是遇到浪时，由于船体不停颠簸，影响内耳的平稳功能，可出现与晕车相似的症状。化解方法与晕车相同。

小贴士

飞机升至万米高空时，人会感到耳鸣和耳胀。这是由于气压明显降低，如果中耳鼓室内仍维持在正常气压，就可能使鼓膜向外凸出，由此产生耳胀和耳鸣，严重时还可导致鼓膜穿孔。

张嘴做吞咽和打哈欠等动作，促使咽鼓管的咽口张开，可调节鼓室内的气压，使其与高空中的气压平衡。最简便的方法是登机后不停地咀嚼口香糖（宝宝可吸吮安抚奶嘴）。

宝宝患有化脓性中耳炎或严重的鼻咽炎时，可能影响到咽鼓管的通畅，登机后应当特别注意。

如何给宝宝选择玩具

面对一天天长大的宝宝和各种各样的玩具，不少父母常会有这样的疑问：男孩与女孩在玩具的选择上有什么区别？父母该怎样看待宝宝在玩具选择上所表现出的性别差异？

通常，婴儿期的宝宝在对玩具的喜好上表现不出性别差异，两三岁时差异初现端倪，四五岁以

后，越长大越明显。男孩和女孩生理特点、性格特点不同，男孩子大多喜欢动作性强的玩具，如刀枪棍棒、汽车、飞机、斧锤等等；女孩则偏爱模拟性较强的、抚触感好的玩具，比如布娃娃、梳妆台、模拟厨具之类。这一方面是出于宝宝的自然选择，一方面与父母的态度有关：如果男孩选择汽车或刀枪类玩具，父母多持肯定和赞赏态度，而如果男孩对布娃娃太喜爱的话，父母便会感到不安，进而干涉；对女孩则正相反。因此，玩具在某种程度上就有了性别色彩。

对这种差异，父母不必太在意，更不必刻意强化。传统的性别角色定位如果过早地加在宝宝身上，很可能会伤及或限制发展中的宝宝，因此父母有必要突破性别角色的限制，给宝宝更自由开放和自主的环境。在玩具的选择上，父母不要认定哪种玩具是男孩玩的，哪种玩具是女孩玩的，应当鼓励依其意愿、依玩具所能发挥的功能去选择。除了少数带有性别差异色彩的玩具，目前更多的启智类玩具，是没有性别差异色彩的，比如拼插类、拼图类、积木以及很多新设计开发出的玩具，男孩女孩都喜欢玩，不妨把这些看作人人适宜的“中间地带”。

倘若宝宝对玩具的兴趣非常单一，比如女孩只喜欢娃娃，四五岁了还不会搭积木；男孩只喜欢汽车，对拼插玩具、绘画等一概不理睬，父母可得注意了。不同类别的玩具有不同的培养技能、启发智力的作用，宝宝的玩具应该是多种多样的，这样才能有利于孩子全面发展。但在玩具的选择上，宝宝唯一的标准是是否喜欢，因此父母应从教育性、安全性以及是否适应宝宝身心全面发展的角度把关，巧妙地“干涉”和引导，启发宝宝对其他类玩具的兴趣，鼓励宝宝向“中间地带”靠拢。

宝宝的房间设计

有条件的家庭大多都会专为宝宝设计一个儿童房，房间一般分为睡眠、贮物及玩耍三个主要功能空间。由于环境对宝宝的成长具有非常重要的作用，因而在设计上各方面的考虑必须周详，既要符合宝宝的心理、生理需要，又要力求实用，同时还应适于培养宝宝的独立性及良好的生活习惯。

装修

许多家庭为了家居的统一和谐，儿童房的装修与其他房间没有多大区别，但一个不符合宝宝天性的环境布置，有可能对宝宝产生不良影响。大部分宝宝都是单独在儿童房里睡觉的，天花板仿佛浮在漫无边际的上空，而四白落地则像一片空旷的原野，缺乏温馨和安全感。因而，在装修儿童房时应考虑到以下几点：

（1）加建不同高度的平台。这样会使宝宝的活动空间变得有立体感，如床、书桌、椅子、抽屉都可以平台代替，不但增加空间层次感，而且还会满足宝宝爱攀高爬低的天性。

（2）墙壁应该选用壁纸。随着宝宝的成长，房间的环境布置应该适合不同年龄的需要。大多数家庭不可能经常性地改变房间装修样式，在最初设计时应该有可以局部更换设备的余地，从而满足宝宝追求新鲜事物的欲望。相对而言，墙壁是比较好改变的，再加上宝宝精力充沛，自我控制能力不强，难免在某种程度上破坏室内设备，而壁纸的使用寿命相对较短，更换起来也较方便，不失为一种好的选择。

在选择壁纸图案时，应该考虑到宝宝的兴趣，如体育、动物、卡通、大自然景色等，日后可以随着宝宝的兴趣转变而更换壁纸。壁纸上的图案常常能表达宝宝内心世界和对生活的期望。另外，宝宝都爱在墙上涂鸦，设计时不妨腾出一隅，供宝宝发挥其艺术天分。

（3）地板应便于宝宝在地上玩。很多设计师认为地板本身是宝宝最理想的活动范围，宝宝爱动，而地面的空间限制较小，适合宝宝随时改变姿势。同时，儿童房的地板还应该便于清洗，谁知道宝宝会把什么东西弄到地板上呢？如果只考虑到安全性而铺地毯就不合适了。儿童房的地板应该也是便于换又不太高档的，如地板革。木地板极有可能被宝宝用玩具等物品划坏，若家长在乎这一点，可以在局部铺上便于活动的塑胶毯等，从而减少破坏。

家具

良好的环境有益于宝宝的健康成长。父母的爱、温馨的氛围对宝宝不可缺少，而家具是营造这种环境的关键环节。让宝宝拥有一套自己的家具，它要实用、好玩，又安全，能带给宝宝美好的心情，使其更加快乐地成长。

(1)安全性能第一重要。宝宝尚处于生长发育阶段，大多是“勇敢的冒险家”，父母为他们选购家具，安全性是首先要考虑的因素。适宜选用的家具线条应圆滑流畅，要有顺畅的开关和细腻的表面处理。带有角和表面坚硬粗糙的家具都应避免，以免宝宝被刮伤或碰伤。选购家具时用力晃几下，那些结构松动，感觉摇摇晃晃的家具切不可购买。

(2)要注意材料和加工工艺。市场上用作宝宝家具的材料比较丰富，有木材、人造板、塑料等，这些材料各有特点，在保证坚固、实用的前提下，还有一些具体要求：

①无异味。一些对人体有害的化学物质如甲醛等气味难闻，选购宝宝家具特别要注意不能选择有刺激性味道的，应该选择无毒、环保的材质。

②家具的表面涂层，应该具有不褪色和不易刮伤的特点，适宜选择使用塑料贴面或其他无害涂料的家具。

③宜选用明亮的色彩。0~7岁是宝宝创造力发展的巅峰时期，如果选用大胆明亮的家具色彩，能激发起他们的好奇心和注意力，更能培养宝宝对颜色的敏感性。色彩过分深沉的家具，或旧而缺乏色彩的家具应该不用。有实验证明，性格较内向而软弱的宝宝，宜用棱角分明、色彩对比强烈的家具，性格较暴躁的宝宝，宜用线条柔和、色彩文雅的家具。

④外形符合宝宝心理需要。宝宝都渴望了解和接近大自然，对形象生动的事物感兴趣。可爱的小动物造型，色彩鲜艳的方块、三角、圆球等几何形体，符合宝宝的心理特点。父母给他们选购家具，宜选择形象生动活泼、线条简练，兼有游戏特征的家具。

(3)家具尺寸要合理。适宜选择那些根据人体工程学原理制作的家具。家具尺寸要与人体的高度互相配合，而且还要与宝宝的年龄与体型相结合，这样才会令宝宝感觉舒服，有益于他们的健康成长。

购买的桌椅，应该具有能够按照身高的变化进行调整的功能。

若是面积较小的房间，可以选择一些多功能的家具，例如睡床、写字台和衣柜三者结合的家具，从而可以节省不少空间。

（4）能够满足将来的需求。会精打细算的家庭，选用的方法就是对既结实又实用的组合家具进行一次性投资，可满足从婴儿期到十几岁甚至更长时期的需求。例如，同样一个用来堆放婴儿尿布的柜子，在将来也可存放玩具、内衣或书籍。看似简单却是经过精心设计的家具，作为宝宝生活和学习的活动背景，使卧室保持新颖，这是最为经济的办法。

小贴士

对于成长中的宝宝来说，儿童房应是一个自我独立的天地，这里有衣橱供宝宝整理衣服或收藏玩具，有书桌和书架放置学习用品，更有一张色彩明快的床供宝宝玩耍、休息。独立的生活空间对于养成宝宝独立的个性是非常有益的。

装饰物

宝宝的房间需要装饰物，但一个摆满毛绒玩具或挂满宝宝照的房间，并不见得能使宝宝高兴。对于装饰物的合理使用，建议从三方面着手。

（1）壁挂。设计制作几幅富有知识性与童趣的壁挂，对宝宝房间的四周墙壁予以装饰。壁挂上可以点缀一些数字、字母、动物、花草或生活用品等内容的图案，使宝宝在玩耍的同时，也感受到美与知识的熏陶。若有几幅宝宝自己的作品. 宝宝会非常满足。

（2）插袋。所有宝宝都有一大堆琐碎无比的东西，不论是小婴儿还是小学生。妈妈可以自己制作或买一些插袋，挂在床边或门后，不仅会给自己带来方便（如随手取放尿布片、小毛巾、内衣等），还能在一定程度上使得宝宝房内的杂乱状况得以改善。在布料花色选择上适宜以浅色或浅色带小花的图案、方格图案为好，看起来清爽、整洁。

（3）毛绒玩具。毛绒玩具是宝宝的至爱。这类玩具除了可在市场上购买外，如有兴趣，也可买些长毛绒、毛巾布以及各种柔软织物、填充海绵、发泡塑料块自己制作。开动脑筋，和宝宝一起利用一些旧衣服或零碎的布块、棉花、毛线等自己做上几件，形态各异，常换常新，对开发宝宝的智力和培养动手能力都很有益。但儿童房里的毛绒玩具如果过多，一是容易使房间显得过于零乱，再者毛绒玩具易吸灰，有安全隐患。妈妈在摆放时要控制数量，以点缀性装饰最好，如床上有一只“镇床”的大狗，让宝宝感觉有伴儿；钢琴上放几个，好像在听宝宝弹奏美妙的音乐。

宝宝洗护用品安全采买

目前，市场上有两大类宝宝洗护产品：清洁与护肤，即洗沐类与护肤类。

宝宝清洁产品主要是洗沐品，它们是：

婴儿香皂。成分温和，碱性及刺激性低于成人香皂。主要用于宝宝手脸较脏时，需过水。

婴儿沐浴露。比婴儿香皂多增加了滋润成分，清洁护肤一次完成，用完无须过水。市场上有婴儿滋润沐浴露，主要针对皮肤过于干燥的婴儿，如秋冬季或每天沐浴的婴儿，适宜选择无泪配方，必须在温毛巾或打湿的皮肤上用。

泡泡浴露会产生丰富泡沫，很漂亮，也富有情趣。至于洗涤度，与普通沐浴露一样，并不更强。宝宝是否要买婴儿泡泡浴露，妈妈完全可以凭爱好选用。注意不要让宝宝洗澡时间过长，以免着凉。

宝宝护肤用品主要是润肤产品，它们是：

婴儿润肤油。润肤油和乳液膏霜类产品完全不同，它有清洁作用并形成一层透气油膜，能达皮肤皱褶处。也用于软化胎脂及按摩。

婴儿润肤露、膏、霜。所有种类的婴幼儿膏霜和乳液都是为了保护皮肤，油分密度较大。乳液型比膏霜型油分稍小，适合全年使用。膏霜（亦称婴儿保湿霜）型油分更高，特别适合干燥寒冷季节保护裸露的肌肤。市场上还有更强的倍护或滋润型露、霜产品，同样是针对更干燥、更需要特殊呵护的肌肤。

护臀膏。膏霜或乳液中添加杀菌及抗水剂，预防宝宝臀红及尿疹。需要注意，化妆品中的尿疹膏与药品中的尿疹膏不同，前者用于护臀，后者可用于治疗。

除了常规洗护品外，专业厂家还有一些新型洗护用品，它们是高生活品质的一部分。

婴儿润唇膏。妥帖保护宝宝娇嫩的唇部肌肤不受风寒、潮湿、日晒侵袭。

婴儿防晒乳液。防止宝宝晒伤，需要无机物防晒剂、低敏，而且应清洗干净。

婴儿晒后护理露。乳质，极易吸收，减轻宝宝日晒引起的红肿和过敏。

另外，宝宝牙膏、漱口液及口腔卫生用品也属于婴幼儿洗护用品。

宝宝生理特征和对洗护品的要求

这里说的宝宝，是指0～3岁的婴幼儿，他们的皮肤和相关生理器官与成人完全不同，需要的洗护品种类及其功能都与成人用品完全不同。

（1）皮肤面积与体重比例大，易吸收洗护品。据专家统计，婴儿皮肤平均表面积为2500平方厘米，平均体重为5千克；而成人皮肤平均表面积为18000平方厘米，平均体重为65千克。同时婴幼儿皮肤脂肪和脂质较多，对洗护品吸收增强，由此也导致对过敏性物质吸收增强，所以婴幼儿洗护品必须保证比成人用品有更高的安全性。

（2）皮肤薄，易受损。婴幼儿皮肤仅有成人皮肤的1/10厚，表皮层是单层细胞，而成人是多层细胞。真皮也较成人薄，弹性纤维组织稀少，缺乏弹性，更易渗透和摩擦损伤，因此适宜使用爽身粉减少摩擦。

（3）皮肤表面有一层天然酸性保护膜，不可使用碱性洗护品破坏它。比如，含皂质、酒精和刺激性成分的产品，不能给宝宝使用。

（4）色素层较薄，易被灼伤。应在必要时给宝宝使用低刺激、高品质的防晒用品。

（5）体温调节能力差，易生痱子。宝宝汗腺和血液循环系统还没有发育完善，难以有效控制体温，易产生热痱。应该注意调节室温和衣服厚薄，选用止痱防痱产品。

（6）免疫系统功能低下，易出现皮肤过敏，如红斑、湿疹、脱皮等。应在医生指导下给宝宝使用安全沐浴露及药物。

（7）泪腺发育不成熟。宝宝不能分泌足够泪水保护眼睛，眨眼较少，必须避免洗发液等对宝宝眼睛的伤害。

小贴士

在化妆品分类中，婴幼儿化妆品是一个专门的类别，需要专门的组方和标准。妈妈切莫给宝宝买成人洗护品，更要注重产品的品质。衡量品质的标准最根本的是内在品质，即正规厂家生产、正规渠道出售，受卫生管理部门批准和检测的产品。产品外包装上应有批准文号、生产厂家、成分、有效期等完全正规的标识，不然不予购买或向卫生监督部门举报。至于一些外在的感觉，如是否有广告，包装与色彩感觉是否高贵，倒不是最主要的。

宝宝禁用成人化妆品

有许多妈妈把自己精心修饰一番后，也想把宝宝打扮得漂漂亮亮，尤其是有个小女儿时，即使妈妈不为她化妆，耳濡目染，很多宝宝从小便喜欢用妈妈的唇膏涂抹。对这种行为，妈妈必须制止。化妆品是成年人使用的，若是宝宝觉得好玩儿，涂抹到脸上、嘴唇上，会不利于身心健康。

化妆品是由多种化学品配制而成的，成分十分复杂。宝宝的皮肤特别娇嫩，皮肤上的血管和神经也很丰富，对化妆品某些成分是很敏感的，容易发生过敏反应。轻者刺痒、干涩、疼痛、紧缩，重者发生过敏性皮炎，局部起红疹、水疱、肿块、脱皮，出现剧烈疼痛和烧灼感，甚至化脓溃烂、形成瘢痕，影响宝宝皮肤的健康和美丽。另外，皮肤上的汗毛孔是供出汗和排泄废物用的，若涂脂抹粉过多、过厚，堵塞了汗毛孔，妨碍汗液向外排泄，就容易患疖子、痱子、毛囊炎等皮肤病，使宝宝十分痛苦。

给宝宝涂抹指甲油就更加不利于健康了。因为指甲油里含有硝化纤维、丙酮、乙酯、苯二甲酸等，这些物质对人体有一定的毒性。宝宝本身多有吃手指和用手直接抓拿食物的习惯，指甲油里的有毒物质很容易通过宝宝的手进入体内。正处在生长发育阶段的宝宝，身体的抵抗力、肝脏的解毒能力都比较低，这些毒性物质进入宝宝的体内，容易对宝宝造成伤害。

在宝宝天真的脸蛋上涂抹化妆品，无形中影响了宝宝的审美观，会使宝宝觉得只有化妆了才是真正的美，这也误导了宝宝的审美情趣。不能给宝宝用成人化妆品，应使用专为宝宝设计的婴幼儿护肤品。倘若因为演出等情况的需要，而必须为宝宝化妆时，必须选用质量合格、化学成分含量低的化妆品，并在演出结束后尽快给宝宝洗脸。

宝宝安全着装法则

（1）保证宝宝个人卫生和服装整洁。整洁与卫生，是美的教育的重要内容，本身就能给人以美感、快感。一个整洁的宝宝会招人喜爱，哪怕他衣着普通。反之，一个宝宝服装质地与式样甚是华丽，却不整洁，依旧会令人生厌。

（2）宝宝服装要以合体、舒适、便于活动为原则，切莫追求时髦。服装过于肥大，不仅妨碍宝宝活动，还显得不大方；过于紧身更对宝宝的身体发育不利。选择的服装要让宝宝走、跑、跳、攀登等都非常方便。

（3）服装的式样要简单，保持宝宝天真、活泼、稚气可爱的天性。在简单中可以适当加以点缀，但点缀不要过度。服装上的花边、花朵等以少为宜，应突出童趣。

（4）服装的色彩应该鲜艳，给人以明快感觉，颜色要协调，色调对比不要过强。颜色协调本身是和谐的表现，这能使人感到美。

宝宝个子小、脸蛋小，如果服装色调对比过强，则会给人以强刺激，起不到打扮宝宝的作用，也就是不能起衬托的作用。服装的色彩应把宝宝可爱的脸庞衬托得更突出。

宝宝不肯独立吃饭怎么办

通常，两岁多的宝宝自我意识都在迅速发展，他们总想摆脱大人，事事独立，"我自己"是他们的口头禅，在大多数情况下，即便自己干不好也不要父母帮忙。当然在吃饭时也会是这样。

可是仍有许多宝宝不愿自己用餐，多数是因为边吃饭边看电视，分散了注意力忘了自己在吃饭；或者是由于父母性子急，见宝宝吃饭不抓紧，经常用喂饭的方式取而代之；也有的宝宝因乳牙不正或出现龋齿而不舒服，从此不愿再自己吃；极少数的宝宝是故意撒娇，养成了必须"妈妈喂"的坏习惯……

解决的办法：①少吃零食，提高宝宝对正餐的食欲；②鼓励宝宝自己吃；③养成吃饭时不看电视、不说话的好习惯；④提醒宝宝，牙病好了以后还是要自己吃；⑤平时讲一些"自己吃饭的好孩子"的故事。

孩子胆小怎么办

俗话说，"初生牛犊不怕虎"。宝宝之所以日渐胆小，多数也是由于后天因素，尤其是家庭环境造成的。

要改变宝宝胆小的状况，关键在于父母和与宝宝接触频繁的成人的高度自觉。要尊重宝宝，不给宝宝起带有贬义的绰号，特别不能当面对外人说“我的孩子这方面就是不行”，应该积极强化宝宝表现出的“闪光点”，鼓励宝宝千方百计克服所遇到的困难，提高宝宝的自信心和生活能力。平时注意不能用某些事物恐吓宝宝，如不要说“再不好好睡觉，大老虎就来了”；宝宝每做一件事，家长不必先“提醒”宝宝“那可危险”，等等。父母应该鼓励宝宝做事或同别人交往。在一般情况下，父母只在一旁观察、指导，即使做些保护也不要让宝宝完全察觉。对于宝宝自发的无端恐惧（如怕到黑的地方去），父母应该用自己的示范为宝宝排除恐惧心理。

让自己的宝宝多和比他年龄小的幼儿一起玩，也是行之有效的良方，这样可以给宝宝创造更多的自我表现和取得成功的机会。

父母应多给宝宝创造有利条件，表扬宝宝的每一个细微进步，时间长了，宝宝就会慢慢地解除心理障碍，日渐大胆，甚至可以从容不迫地待人和处事了。

第二章 2岁5月

- ◎ 宝宝读什么书合适
- ◎ 怎样训练宝宝手的精细动作
- ◎ 妈妈应注意的三大育儿误区
- ◎ 如何正确使用空调
- ◎ 宝宝注意力、观察力的培养

宝宝无法长高的因素

宝宝营养不足

宝宝生长发育迟缓是由于缺乏营养造成的。缺乏医学常识的父母，不容易觉察到宝宝缺水、缺钾、缺磷、缺盐和缺钙等症状，而这些症状都会影响宝宝的正常发育。

遗传性疾病

有两种遗传性疾病会引起身体矮小，它们是第21对染色体异常（先天愚型）和先天性卵巢发育不全。调查统计表明，在每2000~4000个新生儿中，就有一个患有先天性卵巢发育不全症。这种病使女孩子发育缓慢，青春期迟迟不来，成年后平均身高仅为1.42米。

内分泌疾病

缺乏生长激素是一个人身体矮小的主要原因。本来身高正常的新生儿患此病后，从1岁起就会显现出发育迟缓；4岁以后，患此病的宝宝每年只长高4厘米，而健康宝宝则每年长高5~6厘米。倘若不及时治疗，患病宝宝成年后，身高很难超过1.4米。

长期精神紧张

正在发育中的宝宝，若精神常处于焦虑、过度紧张或压抑状态，会使大脑功能紊乱，导致体内有利于身高增长的激素分泌失调，从而影响生长发育。

睡眠不足

人的个子高矮与脑垂体分泌的生长激素的量成正比例关系。生长激素的分泌量昼夜悬殊，夜间深睡时分泌旺盛，血液中浓度每毫升可达20微克以上，约为白天平均分泌量的5~7倍。若不能保证睡眠的质与量，致使生长激素的分泌下降，生长发育将受到影响。

食糖过量

糖吃多了，体液就会呈弱酸性，机体为了中和过多的酸，维持酸碱平衡，就要消耗大量的钙。而钙是宝宝骨骼生长的必需原料，钙减少时会影响骨骼生长，抑制宝宝长高。

过量食入味精

长期过量吃味精，每天每千克体重超过100毫克，骨骼中的红细胞和颗粒性白细胞的数量会下降，长骨的骨化过程减慢，许多长骨细胞不能转化为骨细胞，并阻碍钙盐进入细胞间质，从而使骨骼生长变缓。长期食入过量味精会抑制宝宝的生长发育。

长期使用糖皮质激素

宝宝长期使用糖皮质激素，如强的松、可的松、地塞米松等，这些激素具有对抗生长激素的作用，会引起蛋白质的负性平衡，从而使骨骼的软骨增殖受抑制，新骨形成受阻，活动性成骨细胞数目减少，加之蛋白质组成也受阻碍，因而使生长受抑制。

宝宝读什么书合适

宝宝该读什么书，应该看宝宝的月份差别，刚满1岁和将过两岁的宝宝差别就很大，而且宝宝的智力发展水平也有所不同。满1岁的宝宝进入了幼儿期，注意力、观察力、模仿力和好奇心都逐渐增强，而且产生了最初的思维能力并学着说些简单的词语。父母可让宝宝看些认识物体形状和名称的卡片或单页大画片，也可以让宝宝看些故事情节简单而画面鲜艳明快的儿童读物；将近两岁的宝宝就应该看些故事情节已不太简单，而画面内容也已出现了明显连续性的儿童读物了。

父母为宝宝选购图书的时候，要特别尊重宝宝的意见。因为选书的过程，就是宝宝的兴趣与好奇心集中体现的过程，就是宝宝对所选图书产生“第一印象”和“最初感情”的重要开端，是宝宝愿不愿和能不能把它们“读”下去的关键。倘若多次购书时，宝宝时常对某类图书产生偏爱，细心的父母就应该及时抓住机会，积极培养和逐步巩固宝宝在这方面的兴趣和好奇，这说明宝宝已经有了“求知欲”这个宝贵财富，有了它是比仅仅占有知识更加重要和有意义的事情。

怎样训练宝宝手的精细动作

为了巩固和提高宝宝这方面的能力，父母应该经常同宝宝一起玩“找玩具”的游戏。也可以故意把毛绒小动物放到宝宝看得见，爬得过去的地方，然后说：“宝宝看在哪儿呀？宝宝去捉它呀。”还可以让宝宝从床上往小筐里扔东西，或把一个小筐里的玩具往另一个小筐里倒着玩；更可以让宝宝试着用水杯练习喝水等。应该注意，以上的所有活动都必须由父母先做示范或从旁边给予帮助。

倘若宝宝能力更强些，还可以教给宝宝用小手抓着笔做涂鸦“游戏”，甚至可以教宝宝用手试着翻动书页。也可以把宝宝放在自己对面，一边用双腿拢着宝宝，一边让宝宝用小手分别抓住自己左右手的一个手指，两人一起玩“拉锯”……方法很多，但中心环节和目的只有一个，那就是必须让宝宝的小手，尤其是手指运动起来。

如何面对时常处在紧张中的宝宝

常见紧张症状

极度害怕；

难以抑制的急躁脾气或不羁的行为；

说话结巴；

束手束脚地玩耍；

经历挫折后爱流眼泪；

活动过度；

出现一些反常的习惯，如玩弄头发、眨眼睛等；

睡觉和吃东西时躁动不安；

自信心下降，如总料想自己会失败，或不愿再重新做某件事。

发生原因

蹒跚学步的宝宝和学龄前儿童正尝试着独立迈出第一步，如自己学着上厕所，一个人独自上幼儿园，学着和小朋友和睦相处。宝宝的紧张表现与自己的独立行为（让宝宝独自去洗澡）或目前环境的改变（从父母的房间移到自己的小屋）密切相关。电视中的暴力镜头、恐怖镜头，也会让宝宝整夜因精神紧张而战栗不安。

抚慰方法

宝宝极不情愿直接回答父母询问有关自己感觉怎样的问题，因此单刀直入地问："你怎么了？你为什么不高兴？"不但没有结果，相反会事与愿违。父母应该这样做：

（1）专家发现，一般宝宝会把玩具视为自己的知心朋友，并把自己的感情全身心地投入到这些不会说话的朋友身上。父母可借助玩具的力量鼓励宝宝吐露自己的真实感受，如拿起一个宝宝珍爱的玩具熊问："今天要去看医生，它愿不愿去？”

（2）让宝宝快速并用力地画画，或让宝宝到地下室大声喊叫。现在有关宝宝的书很多，陪宝宝一起阅读有关书籍能有效帮助宝宝理解自身的感情世界。

（3）让宝宝不定时地陷入深思或展开想象的翅膀，但应该掌握好时间。

遮阳装备

阳光对宝宝有好处，育儿专家鼓励宝宝多晒太阳，但这是指温和的阳光。夏天的阳光强烈，宝宝色素层较薄，皮肤色素细胞较少，容易受阳光中紫外线灼伤，所以为了宝宝的安全，妈妈们要加倍小心。日常生活中有很多用品是用来专门对付强烈阳光的，妈妈们应适当选购。

婴儿车上备遮阳篷

为了让宝宝体验到自然界的美妙，许多父母都会将宝宝推出来玩。在推出家门时，父母必须将遮阳篷放下，若是迎着太阳走，应该注意不要让阳光晒到宝宝的脸，而且尽量到树荫下玩，避免阳光直射。

穿上衣服

父母大概还没注意到，衣服也具有遮阳效果。阳光中的紫外线穿透能力差，即使只是隔着一层薄薄的衣服，紫外线的穿透力也会大打折扣。对于紫外线过敏的宝宝，妈妈不妨为他穿得严实些。

小贴士

幼儿什么时候开始学游泳合适？

理论上从宝宝出生第一天就可以学游泳。因为这时游泳是宝宝的先天性条件反射之一，胎儿在母体里就是一种“游泳”状态，对近似羊水的环境不会感到陌生。同时，人会有先天的防护性反射，婴儿憋气的能力也十分强，重要的是，应控制好水温。不过，从安全、卫生等角度考虑，应该等宝宝满月后再进行游泳训练更好。

遮阳伞

目前市场上有一种防紫外线的遮阳伞，其外层有类似金属的涂层，倘若需要抱着宝宝在阳光下行走，不妨使用此种遮阳伞，大人、孩子都受益。

太阳镜

阳光对眼睛有损伤，高原地区的人易患白内障就是因阳光的原因。妈妈也可以为宝宝买个太阳镜戴上。但须注意买正规的品牌，劣质的太阳镜不能保护眼睛，反而对眼睛有害（太阳镜不适合2岁以下宝宝）。

帽子

阳光会使头发变脆，而且易干枯，为宝宝戴上帽子是明智之举。帽檐的设计又能为眼睛提供保护。选择带有整圈帽檐的帽子，无论阳光从哪个方向射来都能将其挡住。

防晒露

成人防晒护肤品含有机化学防晒剂，易引起宝宝过敏，有些成分对宝宝有害。选用婴儿专用防晒润肤露，其中不含有机化学剂，能提高肌肤防晒能力15~30倍，给宝宝温和而有效的防晒保护，是带宝宝到露天游泳池或海边玩耍时的必备护肤防晒品。

夏日和宝宝一起游戏

夏天的傍晚，只要不是太热，几乎家家都要出来散散步，乘乘凉。这时，也是宝宝游戏的好时光，忙了一天的父母当然要和宝宝一起玩玩了。

踩影子

目的：培养宝宝动作的灵活性和反应能力。

玩法：在夕阳下或路灯下，两个人一起玩。先用猜拳的方法，确定谁是追者，谁是被追者。两人一起说“一二三”后，被追者立即逃跑，追的人马上去追，去踩被追者的影子。被追者要尽力改变自己跑的方向，变换身体的姿势，使自己的影子不被追者踩到。倘若影子被踩到就算失败。父母和宝宝最好轮流做追者与被追者。

照镜子

目的：培养宝宝动作协调性和控制力。

玩法：两个人玩。甲扮作镜子，乙在他的对面做动作或表情。甲要立即模仿乙的动作和表情，两人可以变换角色。父母和宝宝在玩这个游戏时，表现的动作应从简单到复杂，速度由慢到快。

踢包

目的：锻炼宝宝控制力和协调性。

玩法：在地上画两条相距五六米的平行线，规定起点和终点。两人各站在一起点上，把沙包放在脚前，听到“开始”的口令后，两人边走边用力向前踢沙包。谁先踢到终点，谁是胜者。

规则：

（1）只准踢沙包，不准用手扔。

（2）沙包必须踢过终点线。

（3）沙包必须落在线上。

锻炼四肢

目的：培养宝宝身体的控制能力、平衡能力，锻炼臂和腿的力量。

玩法：

（1）父母仰卧在地板上，两手上伸，两腿屈膝。

（2）宝宝的两手和父母的两手相握（手相握时，要注意手指互相交叉，手掌相合），宝宝把两腿立在父母的两个膝盖上，成为脸朝下的姿势，同时把腿和臂伸直。

（3）听到“把左手举起来”的口令，右手、右脚、左脚掌握好平衡后，将左手向斜上方伸起。然后，再根据口令轮换伸出右手、左脚和右脚。

用力打

目的：培养宝宝动作的协调性。

玩法：

（1）将气球吹大，把口扎住，然后用纸带把气球吊在事先拉好的绳子上，气球高度略高于宝宝的胸部。

（2）让宝宝握紧拳头，用力击打气球，力争把纸带打断，但不许用手弄断。

（3）若是总也打不断的话，可事先在纸带上割几个豁口。

> **小贴士**
>
> **如何预防宝宝生热痱和热疖？**
>
> （1）保持居室通风、凉爽，让室内温度维持在25~28℃。
>
> （2）天气热的时候避免宝宝在阳光下玩耍，应该在阴凉地方玩。
>
> （3）每天给宝宝洗澡1~2次，采用温水并用刺激性小的皮肤清洗剂，使皮肤得到彻底清洁；洗后擦干，轻轻扑上一层薄薄的婴儿爽身粉。
>
> （4）给宝宝勤换衣服，衣服应该质薄、柔软、吸汗、宽松。
>
> （5）勤给小宝宝翻身，及时更换枕巾，头发尽量剪得薄而短些。
>
> （6）经常给宝宝喝自制的清凉解暑饮料，如绿豆汤、西瓜汁、菊花茶等。

妈妈应注意的三大育儿误区

把冷饮当作宝宝解暑佳品

每个宝宝都喜欢在天热的时候吃冷饮而不愿好好地吃饭，妈妈以为天热时宝宝多吃点也无妨，自认为冷饮可以解暑，待宝宝暑气消除就会好好吃饭了。其实，冷饮并不是真正的解暑佳品。

首先，宝宝吃了冷饮后，血管由于受到冷刺激而收缩，反而影响身体往外散热。其次，冷饮进入胃肠后，刺激胃肠黏膜而使消化酶的分泌减少，从而减弱了宝宝的消化能力，若是在餐前吃冷饮，食欲也会大受影响；冷饮还会刺激宝宝娇弱的咽喉部黏膜，使得此处的血液循环不良，导致抗病力下降，容易发生呼吸道感染。再者，冷饮中大多含有较多的糖分，不但不能解渴，反倒越吃越渴。如果不加以限制，宝宝就会出现厌食、腹痛、腹泻、呕吐、消瘦、乏力等症状，这就是现代儿童的寒积病——“冰箱病”。

明智做法：

（1）给宝宝多喝汤、粥，补充由于天热身体失去的水分，更重要的是补充宝宝出汗多失去的各种电解质和矿物质，如钾、钠。如果宝宝体内缺乏钾，很容易中暑。妈妈还应给宝宝多吃新鲜水果和蔬菜。

（2）妈妈居家自制清凉解暑饮料，其中尤以豆汤、豆粥为好。但给宝宝喝时，应采取少量多次的方法，千万不能一次大量暴饮。暴饮可造成宝宝突然大量出汗，还会导致食欲减弱。

（3）限制宝宝用冷饮的数量，饮料每天只给喝1瓶，雪糕每次吃1根，注意不要在餐前用，通常饭后1小时较为合适。刚从冰箱里拿出的冷饮，在室内放上一会儿再给宝宝。

（4）倘若宝宝患上了“冰箱病”，除了按以上方法做之外，还可采用下列方法：

①把生姜洗净后切成片，用醋泡渍一昼夜。使用时取出3片，加上适量红糖，再以沸水冲泡，然后温浸一会儿，让宝宝不时地喝上一些。

②取生姜6克，葱白3根，加适量的水煮沸，制成姜汤，然后将1克胡椒粉放入汤中，让宝宝趁热喝下去，也可加一点儿红糖。

让电风扇和冷气对着宝宝吹

在闷热的夏季，若是室内温度太高，宝宝的体温就很容易随着气温升高而升高，表现为烦躁不安，哭闹不止，并且尿量减少。有的妈妈生怕宝宝因此发烧，就把电风扇对着宝宝的身体吹，希望让宝宝凉快一些，殊不知这样做是错误的。

宝宝被风吹到的体表部位，汗液会蒸发得很快，而风吹不到的部位，汗液却蒸发得很慢，因而使身体汗液排泄失衡。因为宝宝的体温调节系统还未发育成熟，处于一种不稳定的状态，若再加上汗液排泄不均衡而使身体的各个系统和部位之间发生不协调，就容易引起疾病，轻者流涕、鼻塞，重者则会导致支气管炎，乃至肺炎。

明智做法：

（1）在房间内选择一个最佳放置电风扇或冷气的角度，既可以营造出类似自然风的环境，又不会对着宝宝直吹，且达到降温效果。

（2）风量不要开得过大，电风扇以摇头旋转风为宜，使用时间不宜太长。

（3）开电风扇或冷气时，应该给宝宝穿上薄厚适中的衣物，最好在胸前和肚子上戴个小肚兜。

（4）门窗不应紧闭，经常打开通风透气。

经常给宝宝吃水泡饭

天热时，许多妈妈喜欢给宝宝用开水泡米饭，认为这样既能让宝宝解渴，又可让他吃得快，但这样做却对宝宝的健康不利。

用开水泡米饭，宝宝大多不经咀嚼就把食物囫囵吞下去，食物没有经过牙齿的咀嚼及口腔唾液的充分搅拌和初步消化，很快就进入到胃内，从而增加了胃的负担，使胃容易因过劳而患病；泡饭中大量的水分还会稀释唾液及胃液中的消化酶，使胃消化食物的能力减弱，进而影响食物的吸收和利用。有这种习惯的宝宝，尽管饭量并不小，但因营养不足长得面黄肌瘦，容易患病。

明智做法：

（1）应该在吃饭前先给宝宝喝一点儿味道鲜美的汤，这样可刺激消化液的分泌，为消化正餐食物做好准备；但汤不要喝得太多，以防冲淡消化液。

（2）让宝宝把吃到嘴里的食物嚼碎，待宝宝咽下后，可喝几口汤，这样也不会影响胃肠功能，并能增进宝宝的食欲。

空调使用不当会损害宝宝的健康

有的宝宝经常待在装有空调的房间里，身上倒是凉爽了，却逐渐出现了头昏、心痛、胸闷、心慌、睡眠不安、身体没劲、食欲不佳等症状，而且很容易患伤风感冒以及反复发生呼吸道感染。妈妈以为是自己选择的空调器有问题，其实这并非空调器本身引起的疾病，而是外部因素处置不当导致的对健康不利的影响，即“空调病”。主要由以下几种因素造成：

（1）房间内的空气经空调器处理后，所吹出的冷风大多是取自房间内原来的空气。经过多次这样的循环后，使空气里的负离子数极度减少。负离子被视为“空气维生素”，一旦它被吸入肺泡后，会刺激肺泡内的神经末梢感受器，能使人的大脑、肝、肾的代谢活跃，并刺激骨髓的造血功能，因而可以增强抗病能力。如果宝宝处在缺乏负离子的空气环境中，自主神经的功能就会紊乱，表现为以上所述的各种不适。

（2）由于房间内的空气被反复使用，空气中的二氧化碳浓度就会逐步升高，最终导致空气中氧气缺乏而使空气变得污浊，特别适合霉菌、病毒及细菌生长。同时，还因空调器内的空气和水反复使用，使得病原菌不断增多，并通过排风口污染房间内的空气。

（3）由于室内的温度比室外低，特别是温度调得较低而使室内外温差较大时，这种温差就会刺激鼻、咽喉部的黏膜，结果是血管膨胀，分泌物增多，空气难以通过鼻腔，而引起鼻塞等伤风感冒症状。

（4）使身体本身固有的生物钟遭到破坏。人类在长期的进化过程中，早已适应了早晚天气温度自然变化的规律。倘若长时间在固定不变的环境中，就会破坏生物钟的功能，从而使正常的生理机能大受影响，抵抗力降低。

（5）妈妈为了让宝宝凉快，让宝宝久居在有空调的室内，身体调节功能就被减弱；经常在室内，也使身体缺少锻炼的机会而致抵抗力下降。

如何正确使用空调

空调的温度不可调得过低，让宝宝适度出一点儿汗对身体有好处；也不可让宝宝在空调房间内待的时间过长。

一般情况下，室内外的温度差保持在3～4℃为宜。因为人体适应环境温度的变化需要一定的时间，特别是体温调节系统尚不完善的宝宝，倘若温差太大，身体会因不能马上适应急剧变化的温度而生病。

空调器的出风口不要正对着宝宝，使冷风直吹身体，这样会使身体受冷过度。

不少妈妈认为夜里开空调睡觉对宝宝不好，或是把空调温度设置得太低，这两种方法都欠妥当。在闷热的夏天夜晚，不开空调就会睡不好而使体力下降，但若温度过低也容易使宝宝受凉感冒。适宜的做法是将空调温度设定得稍高一些（28℃左右），或定时2~3小时，这样宝宝就可睡得安逸些。宝宝进入深度睡眠后，可采用微风循环（用空调器通风挡），且应该适当开窗透气。

在开空调的房间里睡觉，必须给宝宝身上盖一条毛巾被，以免身体着凉。

宝宝手脚长水痘样的小疹子怎么办

宝宝手足上长出了水痘样的小疹子是患上了手足口病。手足口病是由肠道病毒引起的一种传染病，宝宝染上病后，皮肤会出现类似水痘样的疱疹，因此妈妈常会误认为宝宝出水痘了，但疹子的好发部位是在手、足和口腔黏膜上，因而被称为手足口病。发病的最高峰在每年的6～7月，以3岁以下的宝宝多见。因为这种病毒寄生在患病宝宝的咽部、唾液和便中，不仅能够通过喷嚏、咳嗽、说话时的飞沫传染给别的宝宝，还可通过手、生活用品及餐具等途径传染。因此若是发生在幼儿园，就会有很多宝宝被传染。

症状

一般先有4～6天的潜伏期。然后开始表现出发烧、流涕、咳嗽、没精神玩、呕吐、便秘和不愿吃饭等，很像是感冒，发烧大多3天左右。接着1～2天口腔黏膜和手足部位出现疹子，在口腔内可见到散布的小疱疹，以舌、颊黏膜及硬腭处为多；疱疹破后可形成溃疡，因为疼痛宝宝不愿进食，但3～4天后就开始好转；在皮肤上，先是圆形并比皮肤略高的疹子，少的出现几个，多则有好几十个。通常第2天变为疱疹，大小就像绿豆或黄豆，内含透明液体，多不溃破，3～5天可自行干缩。

调理

（1）避免接触患手足口病的宝宝，只要有可疑症状，就应及早与之分开。

（2）让宝宝很好地休息，在发烧时多喝温开水，饮食宜清淡稀软，因宝宝口腔疼痛，应该给宝宝吃低温食物。

（3）手部、脚部的皮肤以及衣着、床单必须保持清洁，以免污染破了的疹子；勤给宝宝洗手，并将指甲剪短，以防抓破疹子造成感染。

（4）倘若疹子破了，可用龙胆紫液涂；宝宝如果高烧，并且疹子多，可在医师指导下服用清热、解毒、利湿的中药汤剂。

尽管手足口症类似水痘，多数为轻症，通常能很快痊愈，但是也不可掉以轻心。应细心呵护、注意隔离，以防扩散流行。若是宝宝有可疑症状，要及早请医生诊治，直到皮疹完全消退。

孩子需要尊重

在现代家庭中，最基本的一条原则就是尊重。当然对孩子也要如此，尊重孩子不仅是因为他们年龄小，需要爱护、关心和培养，更由于他们从出生起就是一个独立的个体，有自己独立的意愿和个性。父母没有特权去支配或限制他们。有教育家曾说过：“父母不宣扬子女的过错，则子女对自己的名誉就越看重，因而会更小心地维护别人对自己的好评。若父母当众宣布他们的过失，使他们无地自容，他们越觉得自己的名誉已受到打击，维护自己名誉的心思也就越淡薄。”事实证明，受到父母良好尊重的孩子通常同父母都非常合作，这类宝宝待人友善、懂礼貌，同大人谈话没有局促感，自我独立意识强。

在现实生活中，许多父母还真不知道，怎样做才是尊重孩子，怎样做又是不尊重孩子。美国一位专门研究儿童早期的教授列举了33种尊重孩子和27种不尊重孩子的表现和行为。

尊重孩子

认真听取孩子想要告诉自己的事情。

再忙也要抽出时间和孩子在一起。

与孩子一同玩乐。

和孩子一起画画着色。

赏识孩子的才能。

放手让孩子自己去解决他们间的争吵。

喜欢听孩子最爱唱的歌。

对孩子做的事情表现出兴趣。

与孩子进行目光交流。

鼓励孩子要有自己的看法和观点。

允许孩子作出自己的选择。

尽量为孩子安排一个能与父母或某一方相协调的时间表。

允许孩子有自己的隐私。

通过语言或行为对孩子与众不同的出色表现作出反应。

称呼孩子的名字。

知道该如何去表达“不”。

鼓励孩子有独立性。

回答孩子提出的各种问题。

让孩子把话说完而不将其打断。

尊重孩子选择朋友和活动的权利。

允许孩子犯错误。

意识到孩子有其个性。

与孩子打交道有灵活性。

允许孩子有不同甚至反对的意见。

爱惜孩子的东西。

给孩子转变过渡的时间。

倾听孩子的问题，并认识到该问题会给孩子的心理造成怎样的压力。

与孩子平等交谈。

让每一个孩子都有交流发言的机会。

征求孩子对某个问题的解决办法。

尊重孩子的观点和看法。

没有忘记玩耍娱乐对每一个孩子都是必不可少的。

不浪费孩子的时间。

不尊重孩子

不重视孩子的看法和观点。

不理会孩子认为急需引起自己注意的问题。

过多占用孩子的时间。

把孩子单独撇下不管。

没有停下手中的活儿去专门倾听孩子要对自己说的事。

用不耐烦的口吻回答孩子的提问。

使用与婴儿说话的腔调与孩子交谈。

自己心里有事，借骂孩子来出气。

打断孩子间的交谈。

为赶时间而中断孩子正在进行的活动。

忘记履行自己许过的诺言。

代替孩子回答客人提出的种种问题。

虽花了时间和孩子在一起玩，但却没有投入感情。

举止显得很不耐烦。

挖苦嘲笑孩子。

对孩子大声嚷嚷。

采用体罚方式使孩子陷入一种难受的处境。

对孩子寄予过高的期望。

常催促孩子。

没有处理好自己的感情问题，没有爱惜自己的身体。

辱骂孩子是“笨蛋”。

当孩子的需要与自己的时间安排产生了冲突时，显得很恼火。

总是看到孩子的缺点。

忽略了孩子的情感。

偷偷地走近一个正在做着错事的孩子身旁。

不给孩子机会解释他的朋友为什么会受伤，或者事故发生的经过。

宝宝注意力、观察力的培养

比一比

目的：

(1)发展宝宝的注意力，锻炼宝宝注意力的稳定性。

(2)提高宝宝的语言理解能力。

（3）训练宝宝集中注意力，聆听别人的谈话。

（4）培养宝宝良好的礼貌习惯。

内容：

宝宝的注意力还处于极不稳定的状态，注意力很容易分散，也很容易转移。在对宝宝训练时，应加强宝宝注意力稳定性的训练，从而使宝宝的注意力保持较长的一段时间。

1. 目光接触。

让宝宝和爸爸比赛，互相注视对方，比一比，看谁注视对方的时间长。这项活动能够训练宝宝注意力的稳定性。

2. 听妈妈讲故事。

同样是训练宝宝注意力的一个好办法。由妈妈给宝宝讲故事，故事的内容是宝宝特别喜欢听的。妈妈可用自己的故事内容来吸引宝宝，提高宝宝的注意力。故事长，宝宝注意力集中的时间就长；故事短，宝宝注意力集中的时间就短。妈妈讲的故事应由简单到复杂，由短到长。

3. 听命令。

父母可以说：“现在命令，把手放在纸上！”“现在命令，站起来！”“现在命令，举起手来！”“现在命令，围椅子转一个圈儿！”……要求宝宝根据听到的指示做出相应的动作。

三个游戏可一次进行，也可以每次只进行其中的一个部分。训练时必须依据宝宝的具体情况决定时间的长短，而不应勉强宝宝坚持集中注意力。

挖挖看

目的：

（1）培养宝宝的观察力，扩大宝宝观察的范围，提高宝宝观察的稳定性。

（2）发展宝宝对自然界的好奇和探索精神。

（3）训练宝宝的动手能力，提高宝宝手的灵活性。

内容：

（1）可以选择春天里一个暖和的天气，父母带宝宝到郊外的田野里或草地上去玩泥土。

小贴士

神奇的大自然是最吸引宝宝注意的地方。走进大自然，父母可能会有许多担心，担心弄脏宝宝的衣服，担心有细菌、微生物，担心……根本谈不上鼓励和激励宝宝去摆弄和探索泥土，这些都是不正确的。父母应教育宝宝注意土，观察土，这是一种生动有趣的生态教育。

在选择活动的环境时，父母应该选择土质干净，没有污染，没有尖锐物品的泥土，以保证宝宝的安全。

（2）到了郊外，父母先启发宝宝用手拿一拿、摸一摸泥土，问问宝宝是什么感觉。（碎碎的，松散的，软软的）

（3）父母用手再压一压，或者用宝宝带来的小铲子拍一拍，泥土有什么变化？（变散了，变碎了）

（4）泥土上有什么？（有许多花、草、树木、房子等）

（5）再往下面挖一挖，泥土下面有什么？（下面有树根、树叶，有一些小虫子、蚯蚓等）

（6）父母要鼓励宝宝去发现其他不同的泥土。（黑色的土，黄色的土，不同黏度的土）

（7）通过以上几个步骤的观察，宝宝对泥土有了明确的认识，这时就需要宝宝和爸爸一起进行玩泥土的游戏，如在土地上挖碉堡，找一点儿水和泥巴等，让宝宝充分享受回归自然的乐趣。

（8）从郊外回到家中，父母应及时对游戏进行总结，总结出泥土的特点，以强化宝宝的记忆。

小动物饿了

目的：

（1）锻炼宝宝的观察力，训练宝宝观察力的广度，通过观察找出事物间的联系。

（2）训练宝宝认识图形：圆形、方形、三角形。

（3）锻炼宝宝的分类分组能力。

内容：

（1）可以给宝宝出示图片，让宝宝仔细观察1分钟后问宝宝：

①图上都哪些小动物？（小猫、小熊、小白兔）

②小动物们都在干什么？（它们嘴巴都张得大大

的。在宝宝回答这一问题时，妈妈可用手指着图上小动物的嘴，张大自己的嘴提示宝宝。）

③小动物的嘴巴都是什么形状的？（小猫是圆形的、小熊是方形的、小兔子是三角形的）

④还可以问，图上还有什么图形呀？（有许多三角形，许多圆形，许多方形。识数能力强的宝宝可能会回答，有5个三角形，5个方形，5个圆形。）

（2）此时妈妈告诉宝宝："图上的这些圆形、三角形、方形都是小甜饼干，图上的这3只小动物可都饿了。你看，它们嘴巴张得大大的，正等着宝宝去喂它们呢！"

（3）妈妈拿两支笔，1支给宝宝，1支自己拿着。妈妈可以说："好，现在我们来喂小动物，宝宝先仔细看看妈妈怎样喂。"妈妈拿起笔来，把一个圆形和小猫的嘴连起来，把一个方形和小熊的嘴连起来，把一个三角形和小兔的嘴连起来。

（4）最后妈妈让宝宝连线。

妈妈在给宝宝做示范连线时，应让宝宝仔细观察其中有何规律，如果宝宝仍不明白，妈妈就用语言提示宝宝："喂饼干要看嘴的形状，圆形嘴吃圆形饼干，方形嘴吃方形饼干，三角形嘴吃三角形饼干。"妈妈还可剪制一些三角形、方形、圆形供宝宝分类。

找找看

目的：

（1）培养宝宝的观察力，扩大宝宝观察的范围，增加观察的对象，锻炼宝宝观察细节的能力。

（2）发展宝宝的注意力，提高宝宝注意力的稳定性。

（3）训练宝宝对事物的好奇心。

（4）给宝宝一个明确的圆的概念。

内容：

（1）先让宝宝知道什么是圆形。妈妈拿一张白纸，用彩色笔在纸上画一个圆，告诉宝宝这是一个圆。

（2）妈妈对宝宝说：“有很多东西都是圆形的，太阳是圆的，居住的地球是圆的（同时妈妈可给宝宝看图片，上面有圆形的太阳、圆形的地球等）。现在，宝宝在我们家里仔细看一看，找一找什么东西是圆的？”在自己熟悉的环境中找，吸引了宝宝的注意力，宝宝便会集中注意力努力观察自己家中都有哪些东西是圆形的。（表是圆的，镜子是圆的，茶杯口是圆的，碗口是圆的……）

（3）妈妈对宝宝的回答表示肯定，接着妈妈再问宝宝，外面有哪些东西是圆的？（车轮、西瓜、眼镜、乌龟壳……）

妈妈在让宝宝寻找家中的圆时，应给宝宝指定一个较小的观察范围。宝宝对形和体还不能很好地区分，不必强求宝宝知道球形和球体。

哪不同

目的：

（1）培养宝宝的观察力，训练宝宝观察事物细节的能力。

（2）培养宝宝的辨色能力。

（3）锻炼宝宝的形状知觉。

（4）提高宝宝的分类能力。

内容：

（1）实物游戏。妈妈可以准备一些扣子，可以是同色不同形状的或是同形状不同色的扣子。每次在桌上放10个，其中总有1个和其他9个不同，或是形状不同，或是颜色不同，或是形状、颜色都不同，让宝宝把不同的找出来，并且说出为什么不同。

（2）图片游戏。妈妈可以给宝宝出示图片，让宝宝仔细观察1分钟后问宝宝：

①这些都是什么呀？（扣子）

②一共有几个扣子？（8个扣子）

③扣子上有几个眼？（4个）

接着妈妈告诉宝宝："这是小宝宝衣服上的扣子，有1个扣子和别的不一样，那不是宝宝的，是爸爸的，请宝宝帮爸爸找到他的扣子。"宝宝找出后，问清宝宝为什么。

用实物进行游戏时，不要让宝宝把扣子咬在嘴里玩。还可换成扣子以外的其他东西，比如杯子等。

第三章 2岁6月

◎ 2.5岁宝宝的成长评估

◎ 安全防护溺水行动

◎ 指导宝宝掌握交流技巧

◎ 应对任性孩子的招数

◎ 从多方面培养宝宝

2.5岁宝宝运动方面的本领

为了可以独立行走，此时期宝宝的运动神经会有显著的进展，倘若开步跑，妈妈要费很大的力气才能追得上。有时宝宝会在快跑中突然停下脚步，转向另一个方向，这种技巧连大人都自叹不如，并且还会单脚站立、脚尖站立等功夫。

宝宝以前爬楼梯时都是双脚站稳后再继续前进，现在可以双脚交互上楼梯，像荡秋千、骑脚踏车等都难不倒宝宝。

此时期的宝宝特别好动，运动神经也逐渐发达，可以在坡路上走得很好，也不怕在沙土上行走。体力与运动神经关系着以后是否能过健康生活，因此幼儿时期应该让宝宝尽情活动，为将来打好根基。

宝宝不但全身运动神经变得很发达，指头也灵活自如，能够用剪刀剪碎纸张，用铅笔画出圆形或四角形，灵巧的宝宝还能够画出简单的人物画。

宝宝能画出简单的图形，是因为使眼球转动的肌肉与控制手指头的肌肉已经能够互相牵动了。到了2岁，认识色彩的能力也增强了，宝宝会用蜡笔等工具画出爸爸、妈妈的样子，父母可以在这个时候教宝宝涂色和画图的游戏。

通常，智力发展较快的宝宝手指比较灵活，而经常活动指头的宝宝又能增长智慧。很多游戏都会用到手指，父母可以教宝宝或与宝宝一起玩，但不要太勉强宝宝。

2.5岁宝宝智慧方面的本领

2.5岁的宝宝非常贪婪地拓展自己的世界，会爬到高的地方，试图考验自己的力量，也会试着与年纪大一点儿的孩子玩，寻求新的经验。只要没有危险，父母应尽量满足宝宝的好奇心。

由于宝宝有明确的自我意识，因而父母会认为宝宝的反抗期还没过去。其实这段时间宝宝渐渐能克制自己的情绪了，只要父母耐心跟宝宝讲道理，宝宝也能听进去。

宝宝和玩伴在一起时，开始懂得遵守规则，不再自顾自玩，也喜欢玩扮家家或打仗之类的游戏。玩积木或堆沙时也会设计各种形状，也就是说宝宝已经会玩需要判断力的游戏了。

小贴士

宝宝社交方面的本领

宝宝开始出现社交性的行为，大约是在2.5岁的时候。宝宝以前会任性地反抗父母，现在慢慢地能理解父母的立场及想法，小伙伴相处时也懂得让步、忍耐。

由于还未成熟，因而宝宝吵架跟任性的行为不可能一下子就改掉，但能和小伙伴高高兴兴地玩在一起，已经进步很大了。尽量带宝宝到公园之类的场所和小朋友游戏，让宝宝从中学习轮流等候及游玩的乐趣。

2.5岁宝宝语言方面的本领

宝宝到了2.5岁，会话本领进展得非常快，已经能够和别人流利地对话。宝宝对句子的组织能力很强，能用语言表达过去发生过的事或将来可能发生的事。

说话时一次可以讲多句，而且速度相当快，到2.5岁已经懂得1500个以上的单字。宝宝喜欢使用新学的字音，有时会故意说一些不雅的话，让父母又好气又好笑。

由于宝宝语言能力进步特别快，父母难免期望宝宝懂事些，但终究只是2岁多的宝宝，父母不应抱有过分的期待。

宝宝在数字方面的发展比语言能力慢，但到了2.5岁时也慢慢有一些数字概念。宝宝开始知道两个1放在一起是2，3个1放在一起是3。

2.5岁宝宝的成长评估

（1）在宝宝可以扶栏杆上下楼梯的基础上，训练宝宝独自上下楼梯，先用取玩具、找某某的方式来鼓励宝宝，使其不依靠家长、不依靠栏杆自己上下楼梯。先从上楼梯开始练，可从3～4个阶梯开始，慢慢增加。

（2）为训练宝宝身体的稳定性及下肢的支持能力，可用看宝宝鞋子、踢某个东西等方法诱导宝宝独脚站立。开始宝宝可能要扶着人和物才能抬起一只脚，逐渐训练宝宝不依靠人和物，自己可以单足稳定站立几秒钟。

（3）可用玩青蛙跳跳、小兔蹦蹦等游戏来鼓励宝宝练习双足跳起。开始宝宝起跳时可能双足不能同时抬起，逐渐训练宝宝双足同时跳离地面。或教宝宝从有一定高度的台阶往下跳，台阶从很矮的开始逐渐加高，逐渐使宝宝可以灵活地双脚跳跃。

（4）继续和宝宝玩折纸游戏，可教宝宝模仿折叠一些简单的物体，如小船等；也可教宝宝用手绢折叠，这样便于拆了再叠。继续教宝宝握笔，教宝宝画直线、圆圈、交叉线等，使宝宝能够自如地协调手的动作。

（5）和宝宝一起玩积木，如搭塔，此时期的宝宝可搭起4～6块积木，也可教宝宝搭门、桥等物，主要是培养宝宝的模仿能力。可用一些不同形状的积木让宝宝选择，使宝宝学会认识图形，如圆形、三角形等。还要教宝宝懂得选择同样的图形进行匹配。

（6）继续教宝宝一些基本概念，从大、小的概念慢慢扩大到各种物体的分辨及图形的辨别，使其懂得大、小的含义。颜色概念也是如此，从各种实物的单纯的颜色辨别，逐步学会辨别各种颜色。也可初步教宝宝“多”和“少”的概念，“1”概念，使宝宝真正明白“1”的含义。

（7）教会宝宝自己命名多种物品，即见到一个东西家长先不要说出名称，而是由宝宝自己说出它的名称。多和宝宝一起看图片及图书，教宝宝认识更多的事物，并自己命名。

（8）教会宝宝用完整的句子表达，比如“我妈妈上班了”“这是我的衣服”等；并教会宝宝运用一些形容词，如“这是个大红球”“这个玩具真好”“我们赶快去”等，从而使宝宝的词汇量迅速扩大。

（9）教宝宝一些简单的儿歌，使宝宝能流利地背诵，这既可训练宝宝的记忆能力，又可训练宝宝清晰地发音。儿歌如能配合一些图画更好，使宝宝看到图画就能背出相应的儿歌，不但锻炼了语言，而且又学习了知识。

（10）继续训练宝宝独立做事情的能力，如吃饭。若宝宝可自己吃饭，父母与其同时吃，要注意培养宝宝吃饭时集中注意力的好习惯，切忌一边吃饭一边玩。训练宝宝自己洗手并用毛巾擦干，教会宝宝自己解开扣子、脱掉衣服等。除了父母很忙的时候．应该多花费一些时间陪宝宝进行锻炼，以培养宝宝独立做事的能力。

（11）训练宝宝和别人一起玩合作游戏，比如，相互滚球，一起搭积木，使宝宝初步懂得你来我往，相互合作的概念，从而使宝宝遇人不胆怯，愿意和别人交往。

小贴士

阴天和下雨天也要避开紫外线

有些妈妈以为，阴天或雨天的时候紫外线被遮挡住了，因而随意让宝宝在户外玩耍。事实上，这样的天气情况下依然有部分紫外线穿透云层到地面，仅是比有日光的时候强度低一些，倘若在户外时间过长，皮肤照样会受到损害。

安全防暑行动

天气太热时，即使是父母也常常不慎中暑，何况宝宝的体温调节中枢尚未发育成熟，在日光下暴露的时间稍长一些，常常因不能及时有效地调节而使体温快速升高，从而引起中暑。中暑往往是突然发生，但在此之前会有一些迹象，比如宝宝口渴、注意力不集中、大汗淋漓、身体无力。轻度中暑时体温突然升高、面色发红而皮肤干热，待到重度时宝宝会面色苍白、脉搏细弱、呼吸加快、神志不清，甚至抽搐。倘若宝宝出现这些症状，应积极进行紧急救助。天气热时，要注意采取有效的防护措施。

居室内温度和湿度不可过高

宝宝居室要经常通风透气，室温和湿度不可过高，一般温度保持在24~28℃，湿度60%~65%较为理想。

让宝宝按时起居

天气炎热时，妈妈常常让宝宝睡得很晚，白天再不好好睡觉，就会扰乱宝宝的生物钟，由此可使宝宝的体力下降，耐热能力减弱，稍稍受热就会中暑。越是气温升高时，越应让宝宝严格按照以往形成的作息规律起居。

户外活动要适度

去户外活动时，要给宝宝穿得清爽，薄厚要适度，应避免在强烈的阳光下长久玩耍或剧烈运动，适宜在阴凉处活动。妈妈别忘了给宝宝戴上一顶轻便的遮阳帽保护头部，不然很容易中暑。

让宝宝比平时更多摄取流质

因为气温高，宝宝会出很多汗，所以要经常进行水

小贴士

宝宝如果中暑，应采取以下措施：

（1）把宝宝移到阴凉通风处或有冷气的房间休息。

（2）解开宝宝的衣服，用湿毛巾擦拭全身降温。

（3）给宝宝补充足够的水分和盐分，如喝含盐的饮料和凉开水。

（4）口服人丹、十滴水、藿香正气水等药物。

分补充。除了多喝温开水外，还可在饮食上给宝宝喝些清热祛暑的粥类，特别是在户外活动后，更要注意给宝宝喝水。出汗太多时，可喝一点儿加盐的饮料或吃西瓜，从而补充身体所需水分。

安全防护溺水行动

不要让宝宝独自下水

父母平时就要告诫宝宝，没有大人在场绝对不可自己下水，也不可在水边嬉戏。倘若让宝宝下水，一定要有专人负责照料，即使水很浅也不能掉以轻心。在玩水时，父母经常给宝宝带一些救生圈、翼形浮袋、气垫等漂浮用具，以为它们可以让宝宝安全。其实，这些东西随时会在刹那间翻倒。因此，宝宝在水中玩耍，父母必须一刻不离地看护。

妥善处置有可能发生溺水的地方

倘若家中拥有游泳池，必须时常注意里面的水是否已放干。不用的时候，一定要妥善处置，以防下雨进雨水，如果宝宝不慎跌入就会发生溺水。

照料宝宝玩水的人必须熟知急救方法

有时难免会发生预料不到的事件，因此照料宝宝玩水的人应该掌握溺水的紧急救护，以备意外情况发生。

宝宝溺水紧急救护

（1）首先大声呼叫别人去叫救护车，同时，喊宝宝的名字以确定是否有意识，确认有无呼吸和心跳。

（2）若是宝宝有意识，当肚子里灌了很多水时，把宝宝趴着放，手按其腹部，上提腰部，让宝宝把肚子里的水吐出；或是救护人取坐位，让宝宝头朝下，腹部趴在救护人膝盖上，轻轻敲击宝宝的后背。

（3）如果宝宝只无呼吸，首先应保证气道通畅，方法是让宝宝仰卧，在肩下垫东西，使宝宝的头稍稍后仰。

（4）救护人的嘴把宝宝的嘴和鼻同时盖住，轻轻往里吹气，直到宝宝胸部起来，每分钟做30次，并反复送气。

（5）做心脏按压，用左右手大拇指压住宝宝两个乳头连线的中点，然后手指下陷1~2厘米深，以每分钟100次的速度按压。

（6）倘若宝宝既无呼吸，也无心跳，先做4次人工呼吸；然后，做5次心脏按压；最后，再做1次人工呼吸。

指导宝宝掌握交流技巧

通常，宝宝在2岁之后就能体会出有玩伴的乐趣，因而宝宝比较愿意与别人分享，但是在这个过程中很容易发生矛盾。比如，宝宝因为别的小朋友不让自己玩电动车，就打了他一拳。父母可以在一旁提示说：“宝宝，你觉得打小朋友，他就能让你玩了吗？你应该问他，他玩完后可不可以让你玩一会儿。而且，你还要好好谢谢他。”这个简单的办法对宝宝很有帮助。因为即使是小孩子也能认识到，小朋友是不愿意迁就一个动手打人的孩子的。

让宝宝学会分享

从吃东西到买玩具，父母都不要让宝宝独自享受。同时鼓励宝宝点滴的慷慨行为。这样，宝宝可能就不会觉得分享等于失去了自己拥有的东西。

一个2岁的宝宝参加小朋友的生日会，很可能会抢走小寿星的礼物，或者拒绝放下自己带来的生日礼物。此时，父母应该事先跟宝宝讲明白，现在是他的朋友开生日会和收礼物，改天才轮到他自己。

在一些独生子女家庭中，宝宝可得到父母的全部关注和爱护，但父母也应创设一些场景，适当冷落一下宝宝。比如妈妈生病，爸爸就不能给宝宝讲故事了，因为妈妈此时最需要别人的关心，爸爸要照顾妈妈。

培养宝宝具备慷慨大方、热心助人的品德是父母的良好愿望。不过，在此过程中应该避免以下的错误做法：

（1）强迫宝宝拿出心爱的玩具与人分享。

（2）一本正经地谈论不自私的可爱和拒绝分享的可憎。

（3）宝宝拒绝分享就严厉处罚他。

若是宝宝卷入了抢玩具的争吵中，适当的做法是把宝宝拉开，让他暂时独处。打他几下或者永远没收那个玩具，很可能会激起他的怨恨，使他更不愿意分享。

应对任性孩子的招数

父母应该先把握住自己

宝宝为什么会不停地提出要糖果，要好吃的东西，要父母只注意他一个人，要新玩具，要再听一个故事等要求，而且如果得不到满足就大发脾气呢？究其原因是宝宝已经把父母的心理摸透了，知道只要自己拼命吵闹就可以达到目的。在很多情况下，宝宝的“要、要、要”是由父母的“给、给、给”造成的，宝宝已经知道怎样控制父母。因此，父母要了解宝宝的需要，认真考虑后再决定是否答应孩子的要求。

（1）一旦父母决定是“不行”，那就是“不行”，而不是“可能不行”。但若宝宝的要求合理，父母又能够办得到，那就应该答应宝宝的要求。不加区别地一味拒绝或一味迁就会产生不良的作用。

（2）始终如一地坚持。若是父母总是在第一家商店里拒绝宝宝的要求，可进了第二家商店时就因经不住纠缠而又答应了他的要求，这样父母就是在强化宝宝“要、要、要”的行为，所以必须始终如一地坚持。

父母要改变自己的做法

不论宝宝的习惯是怎样形成的，父母首先要改变自己以往纵容宝宝的做法。

（1）家里所有的人，包括保姆、爷爷、奶奶都必须保持一致。没有比爷爷说一句“让宝宝吃糖吧”更能促使宝宝大发脾气的做法了。父母必须要求大家的态度一致。如果有人不愿意或做不到这一点，就不得不让他们和宝宝分开一段时间。这样宝宝才会意识到爸爸、妈妈的做法和爷爷、奶奶不同。

（2）倘若父母总是用送给宝宝礼物的方式，作为他们不能经常同宝宝在一起的补偿，或他们习惯用这种方式表达对宝宝的歉意和喜爱。那么，宝宝很快就会养成向父母要东西或提条件的习惯。父母应该用尽可能抽时间同宝宝在一起的做法，来代替给宝宝送礼物。父母平时多关注宝宝，即使他没有要东西或提条件，也要多腾出一些时间给宝宝。父母还应定出专门陪宝宝的固定时间，如睡觉前的时间是同宝宝在一起的时间，可给他讲故事，与他做游戏，就是闲谈一会儿也可以，让宝宝意识到父母非常爱他。这样，使宝宝认识到自己只有表现良好才能得到父母的注意，因此他会尽量去表现得好，由此逐渐形成一种好习惯。

要制订一个计划

（1）无论宝宝在什么地方向父母大吵着“我要、我要、我要”，父母都要从容应付。开始时先不要在公共场所拒绝宝宝的要求，因为父母可能会被宝宝的哭闹弄得很狼狈，以致无法实行“即使宝宝又哭又闹也不给他买东西”的计划。为了让宝宝了解到父母说话确实是算数的，你可以在带宝宝去商店之前，对宝宝讲清楚只买列在购物单上的东西，他可以要一两种喜欢吃的东西，并把它们写在单子上，而且在路上要不断地对宝宝的合作进行表扬。

（2）进商店之前，再向宝宝重申一遍父母的要求，只买购物单上的东西。若是宝宝要喝饮料，父母认为他并不十分渴，就找些理由拒绝他：“你不能现在喝饮料，它对你身体不好。”说出后就不要再改口。如有一个3岁的宝宝，总是哭着要妈妈给他买东西，妈妈带他上商店前答应给他买一样东西，经过商量，他们决定买一本书。但是在去的路上，妈妈要求他必须做到不再吵着要别的东西，老老实实地坐在车里才能得到这本书。宝宝果真这样做了。

（3）若是孩子在饭前要吃小甜饼，父母就简单明了地说：“我们马上就要吃饭了，饭前不能吃小甜饼，晚饭后你可以吃一块。”口气温和但不容分辩。倘若未能生效，宝宝还不停地纠缠，这时父母不要没完没了地说服，而是用刚才说过的那句话一直回答他，无论他找多少理由，父母都无动于衷地继续做自己的事，这样虽然宝宝在开始时可能会生气、发脾气、吵闹或哀求，但他的纠缠最终会减轻。

（4）一旦父母告诉宝宝自己的决定，就要坚持住，即使他又哭又闹也不要可怜他。例如，父母正站在超市的付款台前，宝宝看着琳琅满目的诱人商品，提出一大堆要求，从糖果到图画他都要。但是，父母只同意给他买一块泡泡糖。正准备付款时，可他又吵着要棒糖。

小贴士

父母拒绝宝宝的不合理要求和训练他学习等待的同时，必须注意多表扬宝宝，特别是当宝宝能够好好地接受“不”字时。有时候，可以主动送给宝宝一件他梦寐以求的东西，让他欣喜一番，但不要经常这样做。否则，宝宝又会总是希望得到礼物，于是一切又旧态复萌。

这是一个关键时刻，父母一定不能动摇，只要想一下自己的让步只会进一步助长宝宝利用哭闹要东西的习惯，父母就能够坚持下去了。

（5）有些父母发现计分是一个好方法。每次宝宝能够痛痛快快地接受“不”字或按父母的要求去做就可以得分。下次出门时，宝宝可以用这些得分换一件奖品。

当心孩子的小毛病

通常，宝宝可能都有过各种讨厌的小毛病，比如吮大拇指、撞头、卷头发和啃指甲等。其中，大部分不良习惯是无害的，但有的会产生潜在的不良影响。下面列举的是幼儿中常见的五种坏习惯，并且提出相应的建议，指出在什么情况下需要关注。

吮大拇指

大约近一半的小宝宝都曾有过吮手指的习惯，在父母的帮助下，宝宝会随着年龄的增长逐步改正这个小毛病。可是到了上小学的时候，有一部分宝宝，总数约占全部适龄儿童的13%，仍然有吮指头的毛病，而且是不分时间，不分场合地偏爱把大拇指放进嘴里。

尤其是当宝宝们在幼儿园或学校的时候，若是有其他同伴也在吮大拇指，他们无疑成了榜样，好像吮大拇指的宝宝都还小着呢，老师会格外关照他们。如此一来，互相模仿就导致更多的宝宝也把大拇指放进嘴里。

对大多数宝宝而言，吮大拇指并不会带来过于严重的问题。吮指头通常的后果就是被吮的手指表皮结上难看的痂，当然，倘若宝宝能改掉这个习惯的话，痂很快会脱落的。拇指的皮肤受感染只是极少数，表皮下可能会出现软软的、红色的肿包，里面充满脓液。一旦出现这种情况，到医院门诊可以抽出脓液，医生会用绷带把手指缠上，以防止进一步恶化，疼痛一般会很快消除。

许多宝宝尽管懂事后愿意改掉这个坏毛病，但习惯成自然，总会不经意地继续吮手指。遇到这种情况，只能慢慢纠正，随着年龄增长，宝宝的这个坏毛病就会改掉。

父母应该特别关注的问题是宝宝已经戒掉这个习惯好久之后，突然发现他旧病重犯，又把手指头放进嘴里。这可能另有原因，父母应该更多地关注宝宝在情绪和心理上的变化，看看是什么问题困扰他，使他“重操旧业”。可能是他在幼儿园遇到难题了，也可能是严重的家庭危机，比如父母总吵架甚至要闹离婚，在宝宝幼小的心灵投下了阴影，使他产生了心理障碍。

撞头

不少宝宝喜欢有节奏地用头撞硬物，比如墙壁、地板、婴儿床的栏杆等等，一边撞一边前后摇晃身体。这种古怪的行为在6~18个月大的宝宝中比较常见，而且比例达到5%~15%。

一般情况下，撞头并没有太大的坏处，若是宝宝到了两三岁的时候还保持这个习惯，或者宝宝整天都用头撞来撞去，以至于忽略了游戏或扰乱了正常生活习惯的话，这个习惯就该引起父母注意了。出现这样的问题，父母应该立刻带宝宝去儿科就诊。蹒跚学步的宝宝还保持经常撞头的习惯，其实是某些潜在疾病的症状，表明宝宝发育过程出现了问题，有就诊的必要。

卷头发

宝宝卷头发的动机类似吮大拇指：精神紧张、疲倦，或者入睡前宝宝借此来自我放松。许多宝宝会一只手卷头发，同时吮吸另一只手的拇指，或者用另一只手摩挲自己喜爱的毯子之类的织物。这些行为会给宝宝带来一种满足、舒适的感觉，让宝宝精神放松。

有很多时候，当宝宝卷自己的头发时会拽下几缕来，碰到这种情况，父母没有必要禁止他继续卷下去，毕竟他这样做感觉很舒服。若宝宝不只是卷自己的头发，则问题可能出在孩子的精神方面，或许是紧张、压力大造成的后果，父母需要向儿科医生寻求专业的帮助。

啃指甲

宝宝到两三岁时，可能有啃指甲的毛病。宝宝的精神焦虑程度越高，啃指甲的频率也越高，但这不等于说，焦虑就一定会引发宝宝去啃指甲。

倘若宝宝啃指甲一直啃到皮肤，会造成该部位感染，这时啃指甲可就成了严重问题了。经常用除菌香皂给宝宝洗手有助于防止皮肤感染。一旦宝宝的手已经出现轻微的感染、发炎症状，可以在医生指导下涂一些外用药来消炎。

小贴士

复合型运动抽搐或震颤指的是不止一种行为，如做鬼脸、蹦高、弯腰、重复某些音节或词语等。倘若宝宝从单纯的小动作发展到复杂的“多动症”，而且这些习惯持续有6个月或更久，或者当宝宝睡着的时候也有动作的话，则宝宝可能患上神经系统的障碍症，医学上称作“抽动秽语综合征”。其特点是面部、四肢或全身突然做出抽搐动作，说些无确切意义的字句或者干脆就是怪声。当宝宝出现情绪激动、紧张或受刺激时，发作的程度会更加剧烈。

若是宝宝不由自主地咂嘴、眨眼、皱眉头或者震颤，很可能意味着宝宝开始出现失调的症状了，父母应该尽早带宝宝去医院检查。

从多方面培养宝宝

给小狗建个家

目的：

（1）培养宝宝喜欢、爱护小动物的感情。

（2）培养宝宝关心、帮助他人的良好行为习惯。

（3）促进宝宝手指精细动作的发展。

（4）训练宝宝初步掌握数的概念。

内容：

（1）妈妈拿出一个玩具小狗，告诉宝宝：“小狗没有家，很着急，宝宝帮它搭个家吧。”

（2）教宝宝用4块积木和1个三棱柱搭成小房子；教宝宝用2块积木和1块薄长条形状的积木搭成长凳……让宝宝学习构建几种不同的物品，如桌子、椅子、沙发和床等。

（3）让小花狗进入新家，父母夸奖宝宝：“宝宝看，小花狗笑了，它夸宝宝能干呢！”

宝宝刚开始搭积木时，可能只是将积木简单地重叠，而没有实物造型。父母可引导宝宝观察沙发、桌子，并给宝宝做示范，让宝宝模仿父母的活动，并协助搭一些简单物体造型。

你是谁

目的：

（1）加深宝宝对自己的认识，促进宝宝自我意识的发展。

（2）锻炼宝宝的语言表达能力。

内容：

父母和宝宝都握右拳放在耳边，假装打电话，父母可引导宝宝介绍自己。如父母先问：“你是谁？”引导宝宝说出自己的姓和名。或父母问宝宝：“你几岁了？”“爸爸妈妈叫什么名字？”如果讲话顺利，还可以要求宝宝说出自己是“女孩”还是“男孩”，等等。

在打电话时，父母要注意使用礼貌语言，如“你好”“再见”等，让宝宝学会打电话的一些基本用语。

小猫咪

目的：

（1）让宝宝练习轻轻地走，训练宝宝控制自己行为的能力。

（2）培养宝宝关心他人的品质。

内容：

（1）可以准备两个猫的头饰，妈妈当猫妈妈，宝宝当小猫。

（2）“猫妈妈”伸伸懒腰，告诉“小猫”：“现在我要睡觉了，小猫，小猫不要吵。”说完，“猫妈妈”低头装睡，“小猫”悄悄离开妈妈，在屋子里走动。一会儿，“猫妈妈”醒来，问：“小猫，小猫在哪里？”“小猫”迅速地回答：“在这里。”然后又轻又快地走回“猫妈妈”身边。“猫妈妈”摸摸“小猫”的头：“你是听话的好宝宝。”

用此游戏可以训练宝宝为做到父母的要求而控制自己，克服困难的能力。这一时期，宝宝的意志力还很差，还不能较长时间地控制自己，妈妈要注意把握装睡的时间。

折纸

目的：

（1）让宝宝进行最初的折纸练习，掌握对边、对角折叠的基本方法。

（2）让宝宝学会画竖线，增强宝宝对色彩的感受力，培养宝宝对美的初步认识。

（3）让宝宝体验到成功的喜悦，增强宝宝的自信心。

内容：

（1）折书。妈妈可取一些正方形的纸，教宝宝边对边折成短矩形状，告诉宝宝，这是“书”；让宝宝用彩笔在折成的“书”上涂鸦，并模仿看书的样子。可在扉页上写上宝宝的名字，告诉他这是某某的书。

（2）折小山。妈妈准备一些正方形的纸，教宝宝角与边对齐折成三角状；让宝宝在折成的“山”上画“小草”。将三角形分开摆放在桌上，呈“小山”状，放一个玩具小鹿在“小山”旁，作吃草状。

父母可和宝宝一人折一个，让宝宝跟着父母的动作做，等宝宝较熟练后，可以给宝宝简单提示，让宝宝自己做。在宝宝学会折正方形和三角形后，可以提高难度，让宝宝学着折些其他物体造型，如“小飞机”“手风琴”等。

给苹果娃娃上色

目的：

培养宝宝细致认真的习惯；让宝宝耐心地粘贴小纸片，训练宝宝的耐性，发展宝宝良好的意志品质；发展手的精细动作。

内容：

（1）妈妈准备一些红颜色的纸，和宝宝一起将纸撕成碎片。

（2）在一张硬纸片上画一个圆形，作为苹果的雏形，让宝宝为“苹果”添上“柄”。

（3）妈妈要给宝宝一瓶胶水，告诉宝宝苹果娃娃还没有穿衣服呢，让宝宝将红色的碎纸片贴在轮廓线内，给苹果娃娃穿上红衣服。

画苹果时，轮廓线必须清晰。贴碎纸片时，必须提醒宝宝贴在轮廓线内，注意将红色朝上。当苹果娃娃穿上衣服后，妈妈可沿轮廓线将“苹果”剪下来，让宝宝请家人吃“苹果”，培养宝宝从小想到别人、关心别人的品质。

学动物走路

目的：

锻炼宝宝的体力和耐力，培养宝宝活泼、开朗的性格。

内容：

（1）学螃蟹走路。让宝宝坐在地上，双后撑在身后，双膝弯曲，然后把身体抬高，只许双手和双脚接触地面，这样就可以学螃蟹横着走路。

（2）学青蛙跳。先蹲下，两手弯曲，两脚同时跳起，跳一步，再蹲一下，再跳，一步一步地向前。

（3）学海豹走路。先俯卧，然后双手撑地，将上身抬起，两脚放平，拖在后面，当海豹的尾巴，仅用双手的力量，把身体一点儿一点儿向前拖，就像海豹用鳍来走路一样。

（4）学毛毛虫爬。让宝宝俯卧，双手撑地，将身体升高，手不要动，先用双脚慢慢移动数步，接近双手，使得宝宝的背脊像毛毛虫一样拱起，然后双脚不动，两只手向前移，移几步后，手按住不动，再移动脚。

可根据宝宝的体力，一次选择两种动作要宝宝练习，等这两种动作巩固后，再教新的动作。

PART 3

2岁7月至2岁9月

此阶段宝宝手眼协调能力不断加强，已会骑小三轮车，但是有的宝宝不太会拐弯，能独自转动门把手开门，手指灵活的宝宝还能用剪刀剪出有形状的图形。

宝宝会反抗妈妈的话、缠着妈妈撒娇、自我意识强、对黑暗的恐惧心理加重等。这时宝宝已经能接受简单的道理了，当你给宝宝讲清楚道理时，他开始可能会似懂非懂，但时间久了，宝宝心中就会明白。宝宝喜欢去公园、广场同其他小朋友玩耍，尤其愿意从大孩子那里学习玩耍的方式。

宝宝的语言理解能力进一步加强，看到鸟飞联想到飞机，看到鱼游联想到船，一些宝宝能基本明确表达自己的想法等。

第一章 2岁7月

◎ 安全嬉水

◎ 宝宝数学能力的培养

◎ 柑橘吃多了会引起小儿胡萝卜血症

◎ 用枯叶制画

◎ 儿童孤独症早期居家自测

安全嬉水

几乎所有的宝宝都喜欢嬉水。宝宝玩水时，父母必须注意安全并教宝宝认识水。

父母应事先做好准备。宝宝一玩起水来，难免会溅得满地都是。因此应让宝宝在不怕溅湿的地方玩，或者事先做好防范措施，以免家具、衣服被溅湿。

倘若宝宝在院子里玩，可以把水放在澡盆里。如果在厨房里玩，可以把水盆放在地下或直接让宝宝在水槽边玩。父母应该注意，如果地板不宜溅上水，就事先铺上塑料布、旧毛巾等。拿一块布，示范如何擦干地板，让宝宝自己学会把溅出来的水擦干。天气比较凉的时候，应让宝宝围上塑胶围裙，卷起袖子，甚至穿上雨鞋，以免弄湿衣服着凉。倘若天气炎热，可以让宝宝脱掉衣服玩耍。

父母可给宝宝准备好玩水玩具，不怕水的玩具或家用容器都可作为玩水玩具。甚至不用玩具，都会使宝宝玩得很开心。若容器是透明的就更好，这可以让宝宝知道水位。但玻璃杯不适合宝宝玩，以免沾水后从手中滑落打碎，划破宝宝的手脚。空纸杯、塑胶杯、洗发剂的空瓶等都适宜让宝宝玩。

通常，宝宝开始学习倒水时，会倒得满地都是。不过练习久了，他们就会控制自如，并且了解各种容器的容量，懂得在容器盛满水时停止倒水。在看到水从筛子孔中流出来时，宝宝会觉得新奇。他们还会学习把水装进口部狭窄的容器，并了解水满后会溢出的现象。

在浴盆里，让宝宝玩塑料玩具鸭子或小船，他们会很高兴。宝宝喜欢看看什么东西会沉下去，什么东西会漂起来。把宝宝的塑料玩具小船和用纸折的小船都放在水里，让宝宝了解塑料小船始终漂浮而纸小船会沉没。总之，父母应借此机会，使宝宝了解一些科学常识。

吹水泡是件让宝宝快乐的事儿，父母用铁丝做成圆形，在掺有洗洁精的水里蘸蘸就可以吹泡泡。父母还可以给宝宝准备好吸管，让宝宝在水里吹泡泡；或让压在水底的容器放出气来，看水泡浮到水面上。

游戏时，宝宝可能喜欢像妈妈那样洗碗、擦桌子。宝宝会给塑料洋娃娃洗澡，把洋娃娃的衣服也拿来洗干净，夹起来晒干。父母可以让宝宝用水把自己的小三轮车擦干净，这对于他们也是极有趣的活动。通过这些活动可以逐渐形成宝宝“自己的事情自己做”的意识。

小贴士

父母可以准备3个大小不一的碗或杯子，让宝宝把大杯的水倒入较小的杯子，观察其水位的变化，这对将来学习量的守恒是有所裨益的。

父母还可以用空冰淇淋盒盛满水后，当着宝宝的面把这盒水放进冰箱的冷冻室里。等水冻成冰后，再取出来给宝宝看，并简单地给他讲清道理。然后再让宝宝把冰拿到太阳底下去晒，观察由冰变成水的过程。

宝宝玩水的过程中，父母要抽出时间来陪宝宝，不但可以倾听宝宝述说新发现，并给予适当引导，而且可以避免发生意外。

宝宝爱玩沙子

宝宝特别喜欢玩沙子，即使父母再三禁止，宝宝也会想方设法去玩。玩沙子不仅会给宝宝带来意想不到的乐趣，还会让宝宝在玩耍时学到许多东西。

只要是屋外有空地的家庭，都可以准备一堆或一大盒沙子。更理想的是在地上挖个坑，用石块围在边缘，然后在坑中填满沙子。倘若屋外没有空地，可在室内用旧浴盆装满沙子。宝宝玩时，可将沙盆放在一块旧床单或浴巾上，以免撒得到处都是。

在玩沙子过程中，宝宝可逐步了解不同状态下沙子的特点，如湿沙和干沙是不同的，玩法也不相同。干沙

温暖而松散，宝宝可以抓在手中，让其从手指间流泻下来，并倾听其撒落时的声音。如果沙子加上水，会变得既冷又沉重，颜色也会变深，可以用来搭建东西。

父母事先应检查沙子中有没有伤害宝宝眼睛和手的尖利碎片。为保持沙子干净，适宜使用消毒水冲洗沙子并用布过滤。屋外的沙子可由阳光消毒并用水冲净，不用时应该盖起来。

玩沙游戏三则

装沙袋

目的：练习装沙与倒沙。

准备：小布袋、大布袋若干个（大小不等的塑料袋亦可）。

玩法：让宝宝把沙子装入小布袋中，装满后倒出重装。重复几次后，让宝宝往大布袋里装沙子，装满后用绳子把口扎紧。倘若是布袋，小的可做沙包，用来练投掷等。

做沙锤

目的：练习装沙及在沙上滚罐玩。

准备：易拉罐、胶布。

玩法：让宝宝往易拉罐里装沙子后，再让宝宝把沙子倒出一些。罐中留下少量的沙，用胶布把易拉罐口封上，让宝宝把罐放在地上滚着玩。玩完后，洗净易拉罐外面，晾干后放好。如果有音乐活动时，可用来当沙锤。

糕点厂

目的：练习盖、印的方法。

准备：各种形状的瓶盖。

玩法：让宝宝用瓶盖压紧沙子（最好是湿沙），然后轻轻取下瓶盖，可做成“糕点”。瓶盖大小不一，形态各异，宝宝做出的“糕点”千姿百态。

宝宝数学能力的培养

学数数

目的：

学习数数，练习手眼协调能力。

内容：

妈妈准备几个用铁丝拧成的圆环，让宝宝把圆环套在妈妈的手指上，妈妈可适当帮助宝宝。宝宝套入一个就立即表扬，并伸出食指说“1个”，套入第二个又伸出中指说“2个”，套进第三个伸出无名指说“3个”……宝宝喜欢反复练习。等到宝宝熟悉后，让宝宝边套边数。

宝宝熟练后，可让宝宝把环套到自己的手指上练习，而且还可利用玩具套环或在家庭中搜集一些塑料环让宝宝套在大人的手指上。

穿起来

目的：

训练宝宝能够按颜色分类，掌握类的基本概念，为学数做准备。

内容：

（1）妈妈准备不同颜色的木珠子或塑料珠（颜色分别是红色、黄色、绿色），3根细铁丝。

（2）先让宝宝说出珠子的颜色，然后教宝宝把同样颜色的珠子穿在一根铁丝上，妈妈要让宝宝自己穿，必须是同种颜色的穿在一起。宝宝自己能按同种颜色穿后，家长还可以指定颜色让宝宝穿。妈妈再把游戏的内容画在纸上（图上的珠子必须涂成和原来珠子一样的颜色），指着画面问宝宝：“这一串是什么颜色的？”“这串珠子的颜色一样吗？是什么颜色？”然后让宝宝把图上没有穿上的珠子穿起来（画线连接），并且让宝宝边画边说：“红色和红色”，“黄色和黄色”，“绿色和绿色”。

摆摆看

目的：

（1）让宝宝复习对图形的认识。

（2）训练宝宝手指灵活性。

内容：

（1）妈妈可用硬纸剪成若干图形，涂上颜色。

（2）把这些图形拿给宝宝。妈妈先示范摆几个图形，引起宝宝的兴趣，并且问：“这是什么？”宝宝回答后让宝宝自己模仿着摆，妈妈不要用语言指导。宝宝每一次摆弄出现问题后，妈妈再用语言指导，帮助宝宝完成。

妈妈可先教宝宝摆圆形，宝宝对圆的理解快；也可以用纽扣代替纸片。

对应形状

目的：

（1）培养宝宝认识圆形、三角形。

（2）训练宝宝的分析、判断能力。

内容：

（1）妈妈可以准备宝宝爱吃的图形饼干，如长方形的、三角形的、圆形的，再准备长方形、三角形、圆形的盘子三个。

（2）妈妈把饼干放在桌上，问宝宝：“这些都是什么形状的？”引起宝宝的注意力，然后妈妈指着各种形状的饼干对宝宝说：“这些是圆形的。”“这些是三角形的。”“这些是长方形的。”拿来三个盘子让宝宝指出“圆的”“三角形的”“长方形的”。妈妈接着对宝宝说：“宝宝现在把圆形饼干放在圆盘里，把三角形饼干放在三角形盘里，把长方形饼干放在长方形盘里。”边放边说“圆的和圆的”，“三角形的和三角形的”，“长方形的和长方形的”。宝宝分好后，妈妈要立刻表扬宝宝，并且说：“把长方形的饼干送给爸爸，把三角形的饼干送给妈妈，把圆形的饼干留给宝宝。”宝宝送时边送边说“圆的”、“三角形的”、“长方形的”。妈妈、爸爸要立刻表扬宝宝，然后全家人开心地吃饼干。

做游戏时每种形状的饼干不要多于4块。开始放时，妈妈把同种形状的饼干放在一起。玩熟练后，可打乱放置。

摸一摸

目的：

（1）培养宝宝感知圆形、三角形、方形。

（2）训练宝宝的触摸感知能力和观察能力。

内容：

（1）妈妈做两个小纸箱，一个大一个小，纸箱上面开一个圆形的口，小的能伸进宝宝的一只手，大的能伸进妈妈的一只手。三角形、圆形、方形的积木各3块。

（2）妈妈把积木放在宝宝的手里，让宝宝用右手食指沿积木边摸一圈，感知各种积木的形状特征。然后对宝宝说："妈妈要摸积木，先摸一个圆形的。"

妈妈把手伸进纸箱拿出圆形的积木对宝宝说："这是圆形的。"让宝宝观察后对宝宝说："宝宝也来摸积木，宝宝摸一个圆形的。"让宝宝边摸边说："圆圆的。"然后依次让宝宝摸其他形状的积木，并且边摸边说；也可以让宝宝每次随便摸，取出前先要说出被摸的是圆形的积木、三角形的积木，还是方形的积木，接着取出来看是不是。

妈妈先示范，因为宝宝喜欢模仿，这样做可以引起宝宝的兴趣。妈妈指定形状让宝宝摸时，若是摸错就仍放回纸箱重新摸。积木大小开始时应该一样，玩熟了再加进大小不一的，增加难度。

玩具超市

目的：

（1）使宝宝加深对红色、黄色、绿色的认识，并能说出各种颜色的名称。

（2）训练宝宝的分析力和判断力。

内容：

（1）父母要准备多种玩具。

（2）父母把玩具放在桌子上，对宝宝说："我们开了一个玩具店，请宝宝来当售货员。”让宝宝卖玩具，父母来买玩具。妈妈说：“我要一个红色的汽车。”爸爸说：“我要一个黄色的积木。”“我要一个绿色的皮球。”让宝宝拿，或者说：“我要一个有红色和绿色的汽车。”“我要一个红色和黄色的气球。”……或者也可以父母卖，让宝宝来买，要求宝宝买玩具时说出玩具的名称和颜色。如“我要买红色的小汽车”，“我要买穿红衣服的布娃娃”……

必须在宝宝熟悉卖一种颜色的玩具后，父母再要求卖两种颜色的玩具。宝宝拿错时，父母要说“拿错了，拿错了”，让宝宝另拿。

糖块搬家

目的：

训练宝宝认识“1”和“许多”，知道一个一个合起来是许多。

内容：

（1）妈妈准备两个一样的盘子，其中一盘放一块糖，另一盘放多些。

（2）妈妈在两个盘子里分别放一块糖和许多块糖，指着盘子说：“这盘有一块糖，这盘有许多糖。”然后对宝宝说：“糖块想要搬家，但只能一块一块地从多的盘里搬到少的盘里。”在宝宝给糖块搬家的同时说“一块”，“又一块”，“又过去一块”……只剩下一块时阻止宝宝继续搬，说：“这一块要留着看家。”妈妈对宝宝说：“原来这个盘里是一块，现在一块一块地合起来变成许多块了。那个盘里有许多块，现在一块一块地搬走了变成一块了。一块一块地合起来就是许多块，许多块是由一块一块组成的。”说完，妈妈再指着糖块多的盘子问：“这盘有多少块？”又指着一块的盘子问：“这盘有多少块？”宝宝回答：“许多块。”“一块。”或者妈妈对宝宝说：“有许多块的是哪一盘？”“只有一块的是哪一盘？”让宝宝用手指。

柑橘吃多了会引起小儿胡萝卜血症

一般每年9—10月柑橘大量上市时，儿科门诊多会见到这样的宝宝前来就

小贴士

维生素A不能在体内合成，必须不断从食物中摄取。维生素A主要存在于动物性食品中，以肝、蛋黄等食品中的含量较多。各种鱼肝油中含量十分丰富，乳类也有一定量的维生素A。除此之外，在植物性食品中，凡红色、黄色或深绿色者，如橘、柑、胡萝卜、红心白薯和菠菜等，同样都含有大量的维生素A的先导体（维生素A原）——胡萝卜素。这些食品进入人体后，在小肠壁及肝脏中经酶的作用可分解转变为维生素A，但功效不如动物性食品中所含的维生素A好。

诊，他们的共同特点是：食欲不振，精神状态不稳定，烦躁不安，甚至睡眠不踏实，还伴有夜惊、啼哭、说梦话等表现。其中年龄最小的为2岁，最大的6岁，医生给这些宝宝做体格检查时，发现他们的手掌、足掌的皮肤都发黄，而且与黄疸型肝炎儿的皮肤发黄很相似。父母对此特别害怕，以为宝宝得了黄疸型肝炎，但是他们的巩膜并不发黄，这一点又是与黄疸型肝炎的最大区别，宝宝的这些异常表现是为什么呢？

医生经仔细询问，得知这些宝宝每天摄入大量柑橘，少的每日吃6～7个，多的则进食1～1.5千克，个别宝宝没有吃很多柑橘，也有每天饮用大量橘子汁等习惯。这些食品均含有较丰富的胡萝卜素，若是无限量地让宝宝随意吃，就会使血中的胡萝卜素含量骤增，由此引发胡萝卜素血症。

何为胡萝卜素？胡萝卜素对人体有何作用，是否只有害处而没有益处？这得先从维生素A说起。维生素A是一种脂溶性维生素，在人体物质代谢中起着非常重要的作用，它的主要功能是保护呼吸道黏膜和促进人体增长。如果维生素A缺乏，宝宝就很容易反复地发生呼吸道感染，即反复地患支气管炎、肺炎等呼吸道疾病，经常被妈妈带去就医，同时体质每况愈下，并出现体重增长过慢或体重不增等现象。值得注意的是，维生素A与人的视觉有密切关系。倘若维生素A缺乏，眼的暗适应能力表现低下，使人在黄昏或从明处走入暗处时，不能很快地看清物体，即人们通常所说的夜盲症。而且，维生素A是维持全身上皮组织健康所必需的物质。一旦维生素A缺乏，可使上皮细胞过度角化，皮肤变得粗糙；腺体分泌减少，出现干眼病等。

由于维生素A是脂溶性维生素，所以可以在体内储存，倘若长期过量或短期大量摄入，就会使体内过多蓄积而引起中毒。维生素A中毒的主要表现为消化道症状，如厌食、呕吐等。严重者可出现烦躁不安、夜惊等神经系统症状。因而，虽然食用柑橘等水果对宝宝非常有益，但不能以为多多益善而大吃特吃。

妈妈要纠正柑橘越多对宝宝越有营养的错误认识，给宝宝吃时应该有一个合理的限定，即每天至多进食2~3个，不然就会带来多种不良后果。

宝宝睡前和妈妈的游戏

比力气

准备：在床上铺一块大毛巾。

玩法：

（1）妈妈和宝宝面对面跪坐在床上，双膝相抵。各人的左手放在背后，伸出右手钩住对方的手腕，比腕力。爸爸做裁判。

（2）妈妈和宝宝并躺在床上，双手抱胸，各伸出一只脚相互钩住，比脚力。比了左脚再比右脚。

游戏时加入表情和声调，以增添气氛，提高宝宝的兴趣。爸爸和妈妈两人可以比一比，让宝宝模仿当裁判。有时不妨假装输给宝宝，以增加趣味。

猜一猜

准备：一条毛巾被或薄毯子。

玩法：

（1）妈妈先和宝宝约好要猜妈妈身体的哪个部位，如头和膝盖，手指和脚趾等等，然后用毯子把妈妈的身体完全罩住，呈山的形状。

（2）让宝宝猜猜妈妈的头或膝盖在哪里，可以用手摸一摸。

（3）开始时不做伪装，渐渐可以变化姿势，增加难度，让宝宝费点心思。

倘若宝宝猜不中，可以给他一个机会掀开毯子看看。也可让宝宝钻入毯子里，妈妈来猜一猜。妈妈则会发现宝宝也挺会伪装的。

睡前悄悄话

游戏做得差不多了，宝宝会发现床上也是个很有趣的地方。这时，妈妈就要告诉宝宝："让我们先去洗个澡，刷刷牙，回来还有好节目呢。"

宝宝洗得干干净净，和妈妈躺在床上，说一段悄悄话，可以促进亲子间的感情，也是教育宝宝的好机会。

（1）让宝宝坐在妈妈的腿上，或把宝宝搂在怀里。

（2）在宝宝的耳边轻声低语："宝宝，妈妈要告诉你一个秘密。"这时，宝宝会充满好奇，期待着妈妈的下文，或者会"咯咯"笑个不停。

（3）抱紧宝宝，妈妈继续轻声细语："这是关于宝宝的一个秘密哟。"略停顿，双眼注视宝宝，"宝宝是个乖宝宝。"

（4）挨着宝宝的另一只耳朵说："妈妈还有一个秘密，宝宝想知道吗？"宝宝会点头或大声嚷嚷。继续贴着宝宝的耳朵轻轻说："妈妈爱宝宝。"这时，可以亲亲宝宝的小脸蛋。

（5）最后，妈妈可以称赞一下宝宝当天的良好行为，说一说妈妈的期望；也可以让宝宝说说自己的悄悄话，说不定会有意外的发现呢！

用枯叶制画

这项活动可激发妈妈和宝宝的创造性，秋天的落叶可以作画，春天的花、冬天的雪，还有自然赋予我们的更多的"原材料"，都可以通过妈妈和宝宝灵巧的手成为艺术品。

准备材料：

（1）一把小剪刀：应该选择前端为圆形的剪刀，避免扎伤宝宝。

（2）一瓶胶水：注意不要让宝宝弄得到处都是。

（3）各种树叶、草叶：带宝宝去秋游或逛公园时，凡是看到好看的树叶、草叶都可以采回来。如黄杨叶、柳树叶、银杏树叶、桃树叶、爬墙虎叶、山里红叶……

（4）一盒彩笔：有些地方用树叶实在无法表达时，可用彩笔勾画。

（5）硬纸板：可用硬质的包装盒，表面贴一层白色纸。

做法：

（1）将所有物品准备齐全，放在一张桌子上。

（2）将树叶用剪刀剪出所需的形状，在树叶背面抹上胶水。

（3）将抹好胶水的树叶粘在适当位置上。

（4）用彩笔画出小鱼吐出的泡泡，小鸡、小鸟的眼睛，几只飞翔的海鸥等，使作品表达更为生动。

各种叶子很爱打卷，所以采来叶子后，先在书里夹几天，让树叶脱水，自然干燥，这样叶子就不易变形了。贴树叶时，必须将叶子边缘抹上胶水，贴严，这样作品才平整、不易脱落。

儿童孤独症早期居家自测

儿童孤独症主要发生于3岁以前的宝宝，患儿大多没有社交能力，不能学会任何独立生存的本领，因此无法独立生活。目前对孤独症的治疗主要是靠早期的特殊教育，年龄越小，教育效果越好。所以，家长一旦发现宝宝对什么都很淡漠，不爱学东西，也不爱说话，而是喜欢长久地做一种单调的游戏，就应该用下面的一组题目进行测试和诊断，以便及早发现和防止宝宝形成“孤独症”的倾向。

测试题：

（1）平时与其他宝宝一起做游戏和交往感到有困难。

（2）对于声音和语言反应迟钝。

（3）对于学习新东西表示厌恶。

（4）生活中对各种危险，如玩火、攀高、在街上乱跑等缺乏认识。

（5）倘若养成了某种习惯，就难以让他再发生改变。

（6）平时不爱说话，自己的意愿或要求宁愿用手势表示也不愿用语言表达。

（7）平时往往表现出不会对亲人微笑，即使亲人要抱他，宝宝也不会向要抱他的亲人伸手，常常无缘由地独自微笑。

（8）睡觉时不像其他宝宝一样蜷着身体睡，而是很僵硬地伸直腿和脚。

（9）有时精力异常充沛，如半夜醒来一直玩到天亮，而且第二天不知疲倦。

（10）不愿和任何人的目光接触。

（11）若是对某件事产生特殊的好感和依恋，就总是没完没了地抓住不放。

（12）喜欢玩旋转的圆形东西，总是重复、持续地玩一些单调游戏，如撕纸、摇动铁盒内的东西。

（13）孤独怪僻，不爱和小朋友一起玩。

记分：

每题用“是”或“否”回答，答“是”的题可以记1分，答“不是”的题只能记0分。

以上测试只是对儿童孤独症倾向的一种简易居家测试。若累计分数达到8分以上，说明宝宝有孤独症的倾向，应马上去专科医生那里进行全面检查，以便及时采取治疗措施。

第二章 2岁8月

- ◎ 欣赏宝宝绘画
- ◎ 宝宝应从多大开始学英语
- ◎ 帮助宝宝学习语言
- ◎ 让孩子快乐的法则
- ◎ 如何对待宝宝打架

对孩子辨色能力的训练

印色法

让宝宝将调好的各种颜色分别滴在一张白纸上，然后再用另一张白纸覆盖在上面。充分抹平后再揭开，就会成为一幅美丽的作品。宝宝可以凭自己的想象认为是什么就是什么，也可再补画一点东西，从而使之更形象。

另一种印色法可借助工具材料。让宝宝把颜色涂在树叶、纽扣等材料的表面，然后再印到纸上。可以把颜色涂到一根小麻绳的表面上，再把小麻绳盘在一张白纸上，按一按就可成一张画。

吹色法

把调好的各种颜色多滴一些在光洁的白纸上，然后家长和宝宝一起用嘴和小吸管使劲地吹颜料，让颜料在纸上四散开来而形成作品。吹时可以随自己的意愿。

印章拓印法

可以把各种刻有花纹的印模（如玻璃器皿、塑料制品、有粗纹理的木板）放在纸下，让宝宝用彩色铅笔在纸的表面上轻松地涂画，描印出一幅作品。

扩散法

可以利用宣纸吸水性强的特点，让宝宝把调好的颜色滴在纸上，让颜色自己混合、散开而形成作品。

在玩的过程中可以让宝宝体会颜色混合变化的特征，帮助宝宝逐步提高对颜色的感受力及创造性地使用色彩的能力。

欣赏宝宝绘画

2~3岁宝宝正处于由涂鸦期到象征期的过渡。宝宝喜欢画他们所看到或想到的东西，他们的想法、画法是天真、直率的。家长不应该以成人的眼光来欣赏宝宝绘画，而应了解宝宝绘画的特点。

宝宝的知觉侧重整体而忽略细节。例如，当宝宝画一只手时，常常只画一个"圆疙瘩"，完全没有手指。宝宝常用直线条代表鼻子和嘴巴，因为他们不会画曲线。

至于颜色，2~3岁宝宝只认识红、黄、蓝、绿颜色，分不出色彩的深浅（如深红、浅红）。

这一时期宝宝的思维还处于"泛灵"阶段，即认为所有的物体都是有生命的。宝宝会给太阳画上眼睛，父母千万不可以此嘲笑宝宝。

宝宝的思维是缺乏逻辑的，宝宝或许会画一只有四只脚的鸡，并认为这样的鸡可以跑得更快些。

宝宝会把自己喜欢的东西画得大大的，不喜欢的东西画得很小，甚至只用一个黑点来代替。

宝宝不懂得透视，画的所有东西都在一个平面上，大小也不合比例。

这个年龄的宝宝腕部肌肉发育还较差，不能很好地控制画笔，在画面线条的连接上，会出现断开或交叉的现象，家长千万不要求全责备。

给画面均匀地涂上颜色，也需要很好的腕部控制力和耐力。宝宝在涂色时，家长不应要求过高（如一点儿也不能超出所画物体的轮廓线）。

宝宝画画有他们自己的想法，即便是可笑的，也常常是他们的创意所在。宝宝画的不一定是现实世界中的合理事物，宝宝绘画的可爱之处正在于这种不受拘束、不被僵化的构想。家长应当理解并加以保护。

宝宝应从多大开始学英语

在宝宝出生后，就可以接受英语学习。儿童心理发展的过程中存在着关键期，即某一时期内儿童学习某种知识技能或发展某种能力十分迅速，有事半功倍之效果。如果错过这一时期再去学习或训练，将会事倍功半或不再发展。宝宝与生俱来就有学习语言的本领，在婴幼儿期语言能力发展最快，尤其是3岁前是口语发展的关键期，所以说，越早开始学习语言，这种本领就发挥得越好。只要给以适当的语言环境和刺激，宝宝很快就能掌握正确的发音、大量的词汇和良好的语言习惯，并同时掌握两种语言。在中外合璧家庭中成长的宝宝，尽管父母各有母语，但宝宝却能听懂和使用这两种语言，毫不混淆，就充分证明了这一点。

怎样教宝宝学英语

利用生活环境

例如，父母经常与宝宝用英语交流，家中的物品器具贴上英文，图文并茂的诗、画，彩色画册、电视中的儿童英语节目，经常播放的英语歌曲等等，定期更换，随时随地地教，潜移默化中，宝宝就记住了。当父母用英语对宝宝说话时，应该反复用简单的单词或短句告诉宝宝关于事物的名称、事物之间的联系。比如，握着宝宝的小手，说“hand, baby's taking apple”，看到小猫时可以说“cat, a white cat, cat can take the mouse”等等，并使宝宝慢慢明白父母

的意思。父母的语气、语调和用词应充满感情、富于变化、抑扬顿挫，不妨带点夸张的神情，再加上一点身体动作，以增加宝宝学习的乐趣。

值得注意的是，一段时间内要宝宝学的词句不要太多，使宝宝有一个消化吸收的过程；更不要采用中英混杂的拼盘英语，以免造成混乱，影响宝宝的学习兴趣和效果。如果宝宝似乎对父母的话语并不理解或不做反应，父母不必着急，一有机会宝宝自然会脱口而出。父母应给他创造说话的机会，使他能主动用英语提出问题、要求，表达自己的意思。如宝宝需要喝水时，必须用英语说出“water, drink water”或“I want to drink water”才能喝到水。宝宝说出来时，父母不要忘记给宝宝一个微笑或掌声作为对他的鼓励。只要父母能够坚持下去，宝宝一定能学会使用英语。

选择英文图书

单一的文字和清晰的配图比较适宜。每天多次与宝宝一同阅读，让宝宝的小手与父母一起指着文字，随着父母的反复诵读，让宝宝跟着读，使宝宝能逐渐理解故事或儿歌内容。也可以让宝宝看着书上的画面试一试编出故事，再念念书。父母还可以与宝宝将故事或儿歌内容表演一番，加上各种小道具，如玩具、小日用品等；最好与宝宝用平常学的词句自编儿歌、小故事，说一说、唱一唱，可以大大激发宝宝的学习兴趣，提高学习效果。

游戏中学习

游戏是对宝宝最好的、最有效的学习活动，在许多游戏中宝宝可以学习英语。如在体育游戏中，用英语喊口令；玩扮演医生、教师和学生或其他角色游戏时，规定必须说英语，尤其是让宝宝扮演教师教父母说英语，更能提高学习的乐趣；还可以玩专门学英语的游戏，如“接龙”“猜谜语”等。接龙游戏又可分

小贴士

幼儿期学习英语（或其他的第二语言），目的是以英语为载体培养宝宝学习的兴趣和习惯，建立一种英语语言思维。同时，培养宝宝语言的交际能力，使其多掌握一种与人交往、沟通的工具。

幼儿期的英语学习有助于宝宝智力开发和综合学习能力的培养。有关测试表明，英语教学试验班的宝宝，无论是幼儿还是小学，在运动能力、语言表达能力、社交能力、逻辑推理能力、记忆力等各方面的平均水平，都普遍高于非实验班的宝宝。

多种，可用接尾音的方式轮流说出词或短句，也可把卡片按其相关内容排序，同时说出拼摆的内容；对大一点儿的宝宝，可以让他把相关词的卡片接龙。猜谜语时，父母可与宝宝互做身体动作或某一表情，用英语单词互猜并说出来；或者用几个单词或短句说出一件事物，请对方猜一猜。

宝宝学英语成功秘诀

（1）不急于求成，速度要慢，年龄越小越要慢。

（2）不要定任务，一周能学会几个单词就很不错。

（3）不要与其他宝宝做比较，不同的宝宝，在不同的领域发展速度和水平是不一样的，自己的宝宝可能说话快，邻居的宝宝可能动手强。

（4）要有娱乐性，要多调动情绪激发宝宝的学习兴趣，多采用亲子游戏的方法，使宝宝感到学英语是一件愉快的事。

（5）要多鼓励，让宝宝为父母对他的鼓励感到自豪，由此激发学习的自信心和兴趣。

（6）注意语音、拼词要给宝宝留下准确、清晰的印象，以免“先入为主”，留下错误印象，以后纠正是非常困难的。

（7）要学以致用，勤加练习，所谓“拳不离手，曲不离口”，在生活、学习中多运用、多练习，才能巩固所学内容。

（8）要持之以恒，这也是对家长的耐心和爱心的考验。有时一周内，宝宝一个词也没记住，家长还应坚持反复教，可适当地改变方法，并在生活中经常给以提示，相信家长与宝宝都将成为胜利者。

帮助宝宝学习语言

跟宝宝说话

这是父母要做的最重要的一步。许多父母觉得和一个不会说话的宝宝对话有些滑稽。但宝宝需要听父母讲话，而且在能回答父母的提问之前，是通过父母的讲话来学习语言的。

和宝宝玩"语言游戏"

一旦宝宝发出一个声音，父母马上答复这个声音，并发出一个新的声音，对宝宝微笑，给他唱歌，或背一些儿歌。用这种互动游戏的方法与宝宝"对话"，是使宝宝感知语言的最好方法之一。

大声朗读

即使宝宝还不懂得故事讲的是什么，但宝宝能听到声音，同时还能帮助宝宝养成爱读书的习惯。

千万不要让电视充当替代品

宝宝需要与富有感情的真人进行交流并学习语言，电视中的"声音"与真人完全是两回事。

尽早学习第二语言

如果父母想让宝宝说一种以上的语言，应尽早开始。宝宝在双语环境中成长，通常能流利地运用两种语言。

宝宝学双语答疑解惑

研究显示，儿童天生就有一种语言学习机制，这是一种内在的表达能力，同时对人的声调、声音较为敏感。宝宝可以根据周围的发音发现这种语言学习机制，进而建立起自己的发声系统。越早让宝宝接触不同的语言，就越能够增强这种语言学习机制的潜力。

从宝宝脑功能的发展来说，也是越早越好。研究显示，第一语言和第二语言所学的时间越相近，脑部处理这两种语言的区域就越靠近，甚至是部分重叠。年龄大才学第二语言，位置就与母语区有距离了。

越早让宝宝掌握两种语言，内在的语言学习机制会越早接受两种不同的语言，从而成功地将之分别组织起来，让两种语言系统各自独立发展。

这是因为在两种语言之间转换时，宝宝有时会把两种语言系统搞混。但是这种现象是暂时的，2~3岁时，大多数宝宝就能逐渐明白他们面对的是两种不同的语言。倘若在两种语言环境中成长的宝宝说话晚，父母也不必惊慌，不要放弃第二语言的学习，因为这是宝宝语言系统形成过程中的一步。这时候，父母应尽量多与孩子说话，并说完整的句子，帮助宝宝构建自己的语言系统。

在两种语言环境中，每一种语言都必须落实在不同的人身上。比如在对宝宝说话时，妈妈只说汉语，爸爸只说英语，一定不能交换角色。这样，宝宝会在不自觉中说出两种语言，并极少出现两种语言互相干扰的现象。在涉外婚姻家庭中，倘若妈妈是中国人，爸爸是美国人，即使不对宝宝进行特别的训练，宝宝都会自然地对着妈妈说汉语，对着爸爸说英语。

语言需要环境的支持。若是环境不能提供充分的语言刺激，宝宝最终必定会选择环境中最主要的语言。父母首先应该明白这一点，最好是让宝宝与环境产生自然的接触。对宝宝来说，第二语言的学习必须好玩，宝宝才会感兴趣。其次，学习语言不是学习知识，从生活中学习才能使第二语言成为宝宝生活中自然的一部分。

尽管父母都希望宝宝能从小会讲英语，但并不是所有的父母自身都会英语。任何磁带、教材都不可能代替父母的角色。但对于幼儿来说，有父母陪着一起听磁带、讲故事、做游戏，学习的热情会更高。

运用游戏学习第二语言

（1）可以通过动作来学习。在玩角色游戏，或者散步时用第二语言与宝宝交谈。

（2）可以用图片和声音来强化。以游戏形式结合图片来教语音，如“A代表苹果”。

（3）确保学习的趣味性。语言学习越有趣味性，宝宝越有兴趣，通过游戏来学是一种最好的方式。游戏能给宝宝带来快乐情绪，而情绪是学习的入门。

（4）在轻松但富挑战性的状态中学习。不要强迫宝宝，研究表明，80%的学习问题与强迫有关。

（5）通过音乐儿歌进行学习。音乐能开发人的大脑，自己一定能记得小时候学过的儿歌吧？伴随配乐的儿歌更容易学习。

（6）通过运动学习把身体和脑结合起来，体脑合一。传统教育方法是让学生长时间静坐。现在已认识到宝宝是从做中学的，要鼓励宝宝通过跳舞、表演等来学习。

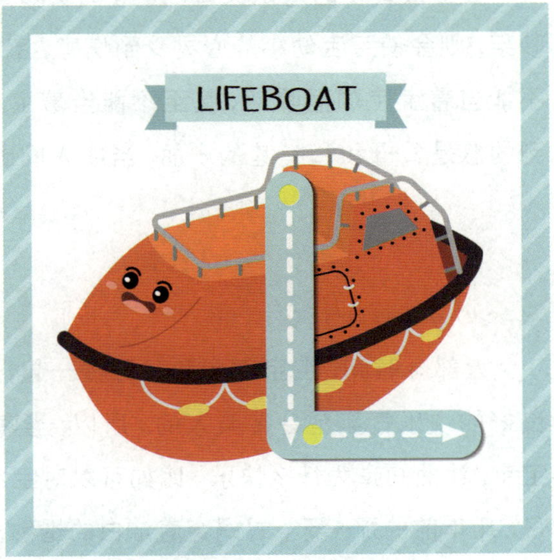

（7）通过交流来学习。例如，让宝宝在饭后通过互相交流来操练英语，使他们逐渐地“酝酿”说话。

（8）通过思考来学习。重要

的是，它是学习语言的一个重要阶段。因为宝宝是先吸收语言，然后开始学习说语言。

（9）可以把数字和词语与游戏联系起来。联系越多，学得越多。学习第二语言时，任何事物包括数字、新词语等，都可与游戏联系起来。

（10）通过触摸来学习。做一些小手指游戏，如一边唱，或一边说“蜘蛛”，一边用每一只手的手指相互接触，犹如蜘蛛在爬行一样。

（11）通过味觉来学习。可让宝宝在品尝食物时用外语说食物的名称。

（12）通过嗅觉来学习。玩一些嗅觉游戏，可以把食物装在布袋中，让宝宝闻闻，猜猜里面有什么，并用外语说出名称。

（13）把周围世界都当成课堂。可以把户外活动都当成语言学习的机会，通过任何一件有兴趣的事情，如数数树上的果子有多少，比比哪棵树上的树叶多，区分不同的鸟和事物等来学习一种新语言。

让孩子快乐的法则

家庭和睦是快乐的源泉

宝宝最喜爱的人是父母，宝宝喜欢和父母在一起。倘若夫妻不和睦，整天吵架，则会使宝宝幼小的心灵受到伤害，宝宝会感到恐惧，怕失去父母。所以，不能当着宝宝的面吵架，甚至不能当着宝宝开一些过激的玩笑。要让宝宝看到的总是父母和和睦睦的一面，当成人间出现一些分歧时，应该在私下尽快解决。

快乐父母养育快乐宝宝

大部分时间，宝宝都会和父母在一起，若是父母快乐，宝宝也必然快乐。良好的快乐气氛是会传染人的。所以，当家中有一些快乐的事情时，可以告知宝宝，让他知道为什么快乐。比如可以对宝宝说：“今天是爸爸妈妈的结婚纪念日，几年前的那一天，妈妈穿着洁白的婚纱，和爸爸举行了婚礼，好多人间都来祝贺。”

教会宝宝与人相处

融洽的人际关系是人生的一门艺术。倘若不能与人沟通，人会变得孤独、寂寞，思维也会变得迟钝。因此要教会宝宝与人相处。宝宝首先接触的是家人，与家人相处其实也有不少学问。在家庭中，每个人都是平等的，不能因为宝宝小，就给宝宝许多特权。比如餐桌上刚端来一盘大虾，宝宝马上独占过去，不让别人吃。这时就要告诉宝宝，大虾是每个人都有份的，不是你一个人的。宝宝暂时可能会不快乐，但对今后与人相处，能奠定良好的基础。自私、霸道的宝宝不能与人分享，也就无法从分享中得到快乐。一时给宝宝造成的不快乐，可以让宝宝一生都享用快乐。除了与家人相处之外，父母还要让宝宝与小朋友一起玩。宝宝与比自己大的小朋友在一起能学到更多的东西，而与比自己小的小朋友一起玩，则能当个小老师，促进宝宝学习的兴趣。在可能的情况下，邀请朋友的宝宝来家里做客，让宝宝们也有知心的伙伴，在游戏中学会与人交往。

别给宝宝太多

父母以为，获得的物质享受越多就越幸福，其实不然，许多家财万贯的人，也有许多烦恼，生活并非就快乐。心理学家发现，给宝宝许多玩具，宝宝并不能耐心地玩某一玩具，而且不知道爱惜。如果把大部分玩具拿走，宝宝拿着几件玩具却能玩得津津有味，而且也变得更喜欢动脑筋。这种减少玩具的教育方法对宝宝特别有益，可以培养宝宝善于思考和创造的能力。对于食物也一样，不给宝宝太多样式的食物，只有两三样，

小贴士

给宝宝选择的权利

一个人如果能主宰自己的命运是一件很快乐的事，对于成人来说是如此，对于小宝宝来说也是这样。如果总是父母说了算，宝宝没有任何选择的权利，就会觉得自己任人摆布，心中自然不快乐，而且变得懦弱、性格压抑。在一些小事上，父母不妨给宝宝自主选择的权利，比如问一问宝宝：“今晚你喜欢听哪个故事，妈妈给你讲。”当然一些大事还需要父母做主，不能一切都由着宝宝。他的自主权利是在一定范围之内的，这个范围父母可以给宝宝划定。

同样能让宝宝吃饱肚子，而且专心地享用食物的美味。

父母的情绪不能影响宝宝

父母也有七情六欲，时而抑郁，时而情绪暴躁，时而伤心哭泣。当出现激烈的情绪时，父母首先应该想到宝宝，不能因为自己的情绪影响宝宝，也不能将不快乐的情绪发泄到宝宝身上。一旦出现这种情况时，成人要避开孩子，比如到另一个房间或者外出散步，总之是找一个宝宝看不到的角落，使情绪稳定下来。

帮助宝宝调整情绪

如果宝宝遇到挫折，会愤怒，会发脾气，父母在这时要给予鼓励，让宝宝正确面对困难。同时，还要设法转移宝宝的不良情绪，如给宝宝讲故事、听音乐或带宝宝和小朋友一起玩等，让不良情绪尽快得到调整。

宝宝的心理偏差

说谎

不少父母一旦发现宝宝做错了事，马上扬手就打。宝宝为了避免受皮肉之苦，就学会了能瞒则瞒的小本事。反正瞒过一次，就可减少一次“灾难”。但宝宝说谎多不能天衣无缝，很容易被父母发现。结果父母为了惩罚宝宝说谎，就给了他更为严厉的责打。如此下去形成恶性循环，宝宝最终变成一个设法说谎的人。

懦弱

宝宝长期挨父母的打骂，时间一久，每逢见到父母就会感到很害怕，不敢说话和接近。所以，父母让宝宝做什么，宝宝也不管父母对与错，都一味地服从，从不动脑去想。在这种环境长大的宝宝，往往容易自卑，性格也很懦弱，只会唯命是从，主动探索精神非常差，学东西被动。

孤独

经常被打的宝宝，内心多会产生不安全感，感到孤独无助，特别是被父母当着别人的面打过，自尊心更会受到伤害。这样的宝宝做起事来总是怀疑自己的能力，常自感低人一等，从而显得比较压抑和沉默，总认为小朋友看不起自己，于是不愿和别人甚至父母交流，也不愿和小朋友们一块玩。

固执

当经常被打的宝宝自尊心受到伤害时，他们就会对父母产生对立情绪和逆反心理。因而，有的孩子用故意捣乱的行动来表示反抗，你要东他偏要西，存心让父母生气。不少宝宝越挨打越不认错，犟劲越大，变得越来越固执。

怪僻

许多父母打过宝宝后，还非要宝宝承认错误，认为这样宝宝才是接受教育了，其实只能促使孩子思想的“排他”倾向加剧。表面上看，宝宝似乎是依照父母的要求去做了，实际上孩子的心里抵触情绪很大。在被打之后，则会不知所措，惶惶不安，久而久之，宝宝变得越来越怪僻。

喜怒无常

很多父母打过宝宝又感到很后悔和心疼，便去抚摩宝宝挨打的痛处，甚至抱着宝宝痛哭，并加倍给宝宝以物质上的补偿。这样做会使年幼的宝宝感到莫名其妙，时间一久，宝宝就会变得喜怒无常了。

焦虑不安

有的父母对宝宝期望过高，超过了孩子的实际能力和才能，从而加重宝宝的心理负担，使宝宝变得焦虑不安。每当宝宝做得不好时，父母不是细心帮宝宝找原因，而是粗暴地打一顿，使宝宝整天提心吊胆，总是担心这个，担心那个，怕父母不满意而又挨打，精神异常紧张，结果导致离父母的要求越来越远。

小贴士

父母都爱自己的宝宝，打孩子多出于一时的冲动，虽然每次事后都非常后悔，但事到临头总是管不住自己。总认为只要宝宝知道父母是多么爱他，这样做无关紧要。事实上，这样做只会造成不可弥补的严重后果。父母都必须清醒地认识到，打孩子只会给孩子造成很多心理问题，并不能获得教育孩子的效果。

宝宝动手动脑学数学

数学能力在幼儿智力发展中占有非常重要的地位，直接影响着幼儿智力的发展和整体智力结构的构建。因此，父母都十分重视对宝宝的数学教育。应该通过什么方法让宝宝发现数学、构建数学概念、掌握数学知识呢？

幼儿认知能力的发展有其特征，他们对事物的认识是感性的、具体形象的，需要通过动手，借助具体的事物、材料，进行直接的操作来获得。对于数学的学习也一样。目前，有了一整套专门为幼儿感知、学习数学知识而设计的教具。它既是玩具又可以起到教具的作用，使宝宝可以在游戏中动手操作、直接感知，学习数学。

长棒和数棒

玩教具说明：

由按比例截取的10根不同长度的红色木制角棒构成的长棒和10根以同样比例长度、以“1”为单位涂成红蓝相间颜色的数棒组成。

操作方法：

父母按照以下方法示范长棒的操作。

（1）将最长的长棒放到地面或桌面上，用手触摸，感受长棒的长度。

（2）取次长的长棒，与最长的长棒左端对齐排列在一起，感受其长度。

（3）比较排列好的两根长棒，左手按住，右手做切的动作，感受长度的差距。

（4）按照逐一减短的顺序，依次排列每一根长棒，每排列一根都要做触摸感受长度和进行亲身感受长度差距的动作；然后，鼓励宝宝模仿父母的动作，尽量按照正确的操作方法完成。

目的：

通过视觉的辨别，手部动作的感知，正确了解长度的差别、序列的变化。同时，发展手、眼与肌肉的协调性，并为下一步进行数棒的操作、了解长度测定的概念等做准备。父母还可以在进行这些操作的同时，让宝宝了解长短、比较长、比较短、最长、最短等词语。

数棒的操作方法与长棒类似，在宝宝可以很好地进行数字的排列，了解了每根数棒代表的数字名称后，还可以增加指认数字名称等游戏项目：将数棒散放于地面或桌面上，让宝宝按父母的要求拿出相应的数棒。例如，“请把2给妈妈找出来”等；或是父母任意取出一根数棒，培养宝宝回答出“这是多少”的问题。

1~100连续数板

玩教具说明：

包括100数字排列板——其上有10×10个方格，用以排放数字牌的底版；数字牌——分别印有1~100数字的100枚树胶牌，大小与数字板上的方格相同；订正板——一张印有数字1~100的正确排列顺序表，用以检验、确定数字排列的正误。

操作方法：

（1）由父母示范，在100数字排列板的第一行从左到右，按顺序排放印有

“1~10”的10个数字牌，边放边念数字名称，然后与订正板对照，确定正误。

（2）让宝宝了解正确的方法后亲自操作（可以反复做）。

（3）逐步进展到第二行（11~20）、第三行等，一直到宝宝可以不用提示将1~100全部正确排列。

目的：

（1）让宝宝感知和认识1~100的顺序，知道每个数的读法和写法。

（2）理解连续数排列的概念，以便为灵活地使用各个数字做准备。

（3）培养宝宝做事有序的好习惯。

（4）在进行数字牌排列工作的同时锻炼手眼的协调性。

宝宝动手制作漂亮的小纸杯

准备材料：

一次性纸杯1个、彩色纸条若干张、胶水。

目的：

（1）让宝宝熟练粘贴的步骤，训练手的精细动作。

（2）锻炼宝宝动手能力。

（3）培养宝宝对美术及手工制作的兴趣。

步骤：

（1）妈妈教宝宝把彩色纸条的一面涂满胶水，然后沿着杯口横着贴到纸杯上。

（2）妈妈教宝宝用抹布轻轻擦去多余的胶水。

（3）让宝宝重复以上的动作，直至纸杯上贴满彩色的小纸条。

制作过程中，妈妈还可以引导宝宝变化出多种做法，如纸条的贴法横、竖、斜均可，这样做出的漂亮小纸杯就会形态各异。在妈妈鼓励下，宝宝也许还会有更令人惊叹的创造。

宝宝的美食

芝麻鱼排

原料：白芝麻200克，青鱼中段700克，鸡蛋2个（取清）。

调料：油500克，生粉、盐、味精、麻油适量，黄酒、生姜少许。

制法：

（1）将青鱼中段洗净去皮去骨，切成鱼片，用鸡蛋清、生粉、味精、黄酒、生姜汁、盐上浆，加麻油搅匀。

（2）将鱼片一片一片放入盛芝麻的碗里，两面沾上芝麻，放入五成热油锅里，小火煎到两面微黄，捞出装盘即可。

说明：

（1）本菜鲜香可口，松脆酥软。

（2）营养丰富，含蛋白质、热能、钙、铁、锌及多种维生素，补充宝宝大脑发育所需的营养物质。

（3）青鱼应该取活鱼，这样滋味鲜美。

（4）鱼中含小骨、刺，应避免伤到宝宝。

芋头肉糜

原料：大芋头1个，肉糜100克。

调料：蒜末、料酒、酱油、盐、高汤各少许，精制油100克，糖一匙，味精3克。

制法：

（1）大芋头去皮洗净切小方块，烧酥待用。

（2）把油锅烧热加油30克，倒入肉糜、蒜末炒一炒，加料酒、酱油、盐、糖，待肉糜烧熟倒入大芋头，加高汤少许，烧至汤汁很少时，加味精炒一炒，装盘即成。

说明：

（1）本菜色淡红、香味浓，对宝宝很有诱惑力。

（2）味甜鲜带咸、质感软，食之味美，适合各年龄段宝宝。

（3）本菜淀粉含量高，耐饥，营养成分高。

芙蓉枸杞子

原料：鸡蛋4个（取清），枸杞子10克，湿生粉少许。

调料：盐5克，精制油200克。

制法：

（1）把蛋清放入碗中，顺同一个方向搅，边搅边加少许湿生粉，再加一勺鲜汤和盐，使蛋清成混合液。

（2）把油锅烧热，加精制油，把蛋液轻轻地倒入，同时晃动油锅，使靠着锅底受热的蛋液片浮起，翻动几次，倒入漏勺，沥干油。

（3）枸杞子用冷开水洗干净。

（4）将芙蓉蛋和枸杞子倒入锅中，一起翻炒装盘。

说明：

（1）洁白如芙蓉花，配以红色枸杞子，更为鲜艳。

（2）质感鲜嫩，滑如豆腐，滋味极为鲜美。

（3）此菜含有蛋白质、碳水化合物、热能、钙、铁、维生素等。

（4）枸杞子具有明目的作用，非常适合宝宝。

水果虾仁

原料：糖水菠萝50克，净虾仁200克，胡萝卜10克，豌豆10克，鸡蛋1个（取清）。

调料：植物油、盐、糖、味精、水淀粉、生粉各适量。

制法：

（1）虾仁洗净，用干布吸去水分，加少许盐、味精、蛋清拌匀，略多加淀粉上浆待用。糖水菠萝切成小丁留用。锅内放入冷水，投入去皮胡萝卜，用小火煮熟取出，冷水冲洗后切成小丁。豌豆放入开水中煮熟后取出，用冷水漂洗干净待用。

（2）锅内放入少许水，水沸时放入上过浆的虾仁，虾仁熟后取出沥干水分。

（3）锅内放少许油，烧至五成热时，放入胡萝卜丁、豌豆煸炒，加入盐、糖、水，烧开加味精，放入菠萝丁，倒入虾仁，再烧开，水淀粉勾芡，翻炒，淋上熟油即可。

说明：

（1）水果与虾仁都是宝宝所爱，胡萝卜、豌豆煮熟酥软，易咀嚼。

（2）本菜肴色泽鲜艳、营养丰富，对宝宝独具吸引力，能引起食欲。

（3）水果的香甜加上虾仁的鲜美、蔬菜的爽口，适合宝宝的多重口味选择。

（4）若是宝宝喜欢吃其他水果，可改用苹果、梨等。

如何对待宝宝打架

2~3岁宝宝之间的打架，完全是由于夺人东西和东西被人夺的简单原因所致。宝宝在3岁前，不明道理，倘若任其所为，就会没有限度，会用手里拿着的东西打人而出现危险。

在此种情况下，父母不能仅仅说“住手”，最明智的办法是把宝宝的注意力转移到感兴趣的对象上。如可以说：“喂，那里有只可爱的猫咪。”

若经常看见自己的宝宝被打哭，作为父母在心理上常常是难以承受的。因此作出错误的决定说：“不要再和那个孩子玩了。”在宝宝这方面，尽管总是被打哭，但由于喜欢他的朋友，抹抹眼泪，就又和他们一起玩了。面对这种情况，父母尽管有气，还是应扮出一副笑容满面的样子为好，绝不能强令宝宝“认错”。

让宝宝在家饲养狗、猫、金鱼等，平时就教给他们对待弱者的方法，这一点也非常重要。明确地说，宝宝打架有时也是效法父母的。例如，金鱼死了，就简单地用筷子去夹的习惯对宝宝的影响就是不好的。

在力气差异较大的打架中，父母应该适当干预，并给以仲裁。

倘若宝宝从小就由父母袒护而没有打架的经历，那就总也学不会如何调整自己。

最应避免的算是父母的袒护了。在兄弟姐妹之间发生争执时，单纯地指责哪一方都是不应该的。因为他们寻求父母袒护的竞争意识都很强。如果父母单纯地偏袒一方，其后果只能使他们之间的关系越来越恶化，越来越紧张。

基本上说来，宝宝之间的打架是年龄相仿的打架。除了避免手持棍棒大打出手的危险外，一般任其所为是最好不过的了。宝宝们的打架任其自然，说不上什么时候就自己解决了。尤其是在幼儿园，父母的干预基本上是有害无益的。

第三章 2岁9月

◎ 对宝宝音乐潜能的训练

◎ 宝宝欣赏音乐的时间性

◎ 宝宝不肯吃药怎么办

◎ 让宝宝理解时间概念

◎ 宝宝的语言培养

培养宝宝的音乐爱好

声音实录

可以在录音带上灌录各种声音，如动物的叫声、各种机器的发动声、自然界的各种声音和各种人为的声音。宝宝通过听录音，学习辨别声音的大小、高低、强弱和快慢。

律动音乐

在录音带中灌录节奏和旋律都非常简单的音乐，让宝宝随着音乐的节拍做模仿动作，包括基本动作（如拍手、跑、跳），模仿日常生活的动作（如洗手、刷牙、梳头），模仿动物的动作（如青蛙跳、小白兔跳）。宝宝可随着音乐随心所欲地运用身体各部分，自由表现乐曲的节奏和韵律。

歌曲

父母可以借助录音带上的歌曲，促进宝宝语言的发展。这类录音带的内容包括日常生活、自然现象、故事游戏的插曲以及儿童歌谣和民谣等。

选购录音带必须注意质量，质量不好的录音带会对宝宝日后的乐感造成不利影响。

对宝宝音乐潜能的训练

节奏方面

训练节奏的方法非常简单：可让宝宝坐在父母旁边，用两块板跟随父母敲出各种节奏来。在宝宝唱歌时，父母可双手击掌帮着打拍子；宝宝坐在父母腿上时，父母可随着音乐节奏上下颠腿；宝宝临睡时，父母可一边哼曲子，一边随曲子的节奏轻轻地拍打宝宝。

变换唱歌速度也能帮助宝宝建立节奏概念。例如，唱进行曲时，父母可与宝宝边唱边拉着手走。先以较慢的速度唱，使宝宝的步调与歌曲的节奏相一致；然后再以较快的速度走，同时要使步调与歌曲节奏相一致。注意经常有意识地这样做，才能达到训练宝宝节奏感的目的。

音色方面

父母给宝宝唱歌时，可把同一首歌曲用低、中、高音来唱。先用低沉的声音唱，并形象地解释为老爷爷，或大象公公在唱；然后用中音（比低音高一个八度）来唱，可解释为叔叔或袋鼠在唱；再用高音（比中音高一个八度）来唱，唱不上去用假嗓子也行，但必须要唱准，可解释为是阿姨或小鸟在唱。

音准方面

先给宝宝起一个音，唱某一首歌，然后再起一个不同音高的音唱一遍。刚开始时宝宝大概做不到，父母要有耐心，要与宝宝一同唱，使宝宝逐步适应音调的变化。特别在换调时，父母要唱得响些，使宝宝的音准纳入到正确的音高上来。

宝宝音乐潜能的训练靠长期坚持，靠家庭创造的一种艺术氛围的熏陶，靠潜移默化的影响。

教宝宝欣赏音乐

教宝宝欣赏音乐作品的方法：

小贴士

2~3岁的宝宝，对音乐作品的性质不易理解，听音乐时，宝宝注意的常常是表现主题思想的一些特征性音乐，像模仿动物叫声、汽车的喇叭声、机器运转声的音乐，而对作品的情绪、风格、强弱、速度变化不注意。所以2~3岁宝宝适合欣赏速度平稳，表现内容单一的音乐作品，如《摇篮曲》《拍球》《小鸟的歌》《骄傲的鸭子》《啄木鸟》《娃娃》《小白兔跳跳》等曲目。

（1）父母可运用生动形象的语言，引导宝宝有目的地倾听音乐。在欣赏之前，父母可进行引导性谈话，向宝宝介绍作品的名称、内容，把宝宝的注意力吸引到作品的意境中去，让宝宝知道听什么。同时，向宝宝提出欣赏的要求。如欣赏《摇啊摇》这首歌曲时，可利用玩具摇篮和摇篮里睡着的布娃娃，伴随音乐摇动，向宝宝提出“仔细听，是谁在不停地摇啊摇”这类问题，吸引宝宝注意欣赏。父母要和宝宝一起倾听，一起感受。最好父母先进入音乐规定的情景中，以积极的态度引导宝宝。

（2）启发宝宝边听边想。通过对某一作品引导性的谈话和反复多遍的欣赏，宝宝势必带着异常兴奋的情绪和非常好奇的心理，在音乐中感受到某种东西。这时父母应该及时和宝宝交谈，鼓励宝宝大胆说出自己的感受。由于宝宝的词语贫乏，不可能运用语言来完整概括出自己的感受，父母要启发宝宝用动作、手势、表情等各种手段去表达。表达的过程就是对作品思考、回忆、感受的过程。

在音乐伴奏下做动作

宝宝听音乐做动作，可以培养节奏感和动作的协调性，使听觉更敏锐、身体更健康。

怎样教宝宝在音乐伴奏下做动作呢？

（1）父母可启发宝宝听出音乐旋律中的高低、强弱、快慢等不同的变化，使宝宝感受音乐的不同表现风格。一首富有表现力的乐曲，可以促进宝宝去联想，并活泼、协调、形象而有表情地做动作。同时宝宝本身富有表情的动作，又能加深对乐曲的感受和理解。

（2）伴随音乐做动作，主要是教宝宝学习配合音乐的节拍、力度、速度和情绪做动作，学会随着音乐而变换动作。在宝宝身体各部位做动作时，能通过运动神经去感知音乐的艺术美，同时又通过协调优美的动作，去表达音乐的内容和情绪，能够培养宝宝的节奏感、对音乐的感受力及较好的音乐听觉。

（3）教宝宝按音乐节拍协调地做动作时，要联系生活实际中的有关形象，引导宝宝想象，使宝宝理解这些动作，表达时才会逼真。

（4）所选曲目应该适合宝宝的体力和动作发展水平。动作的幅度不宜过大，活动时间不宜过长，难度要适当，变化要少。

（5）对2~3岁的宝宝，可以先教一些随着音乐拍手、走步、打鼓、吹喇叭及鸟飞、象走等简单模仿动作。宜选择节奏稍慢，力度、速度不变的曲目。动作变化要少，重复要多，使宝宝能较快感受音乐的节拍与动作的关系，学会合拍地做动作。

宝宝欣赏音乐的时间性

早晨

清晨，宝宝起床时，播放一曲轻松愉快、节奏鲜明的音乐，可使宝宝逐渐兴奋起来，愉快地完成早晨应做的事情。

上午

选定一段时间，进行音乐欣赏，以20分钟左右为宜。这段时间，可选择的内容非常多，既可以是儿童音乐故事、配乐诗朗诵、配乐童话，也可以是优秀的影视儿童歌曲。在听音乐时，宝宝可以做些手工制作，儿童律动节奏游戏等。此时的音乐是活动的背景音乐，适宜选用节奏不太强烈的抒情或儿童钢琴组曲。音量不能过大，要比平时欣赏时再小一些。

中午

午饭后，宝宝要午睡，这时可以放10分钟的音乐，应选用节奏平缓、悠扬的乐曲。

下午

宝宝此时容易精力不集中，比较懒散。给宝宝放一些活泼、富有情趣的音乐，能取得较好的欣赏效果。

晚饭后

宝宝外出散步、活动回来后，就要洗漱，准备睡觉了，这时可播放一些经过精心挑选的音乐，为宝宝安静、愉快地入睡做过渡性准备。在宝宝洗漱时，听一首慢拍乐曲，上床后听一些摇篮曲，可使大脑消除紧张、兴奋，逐渐转入抑制状态。

可供宝宝欣赏的音乐作品是非常丰富的，父母无论选哪些曲目，都要注意欣赏曲目不要太多，更换不要太频繁，应该一周调整一次。这对宝宝记住旋律，增加音乐积累是十分重要的。

美食宝宝粥

3岁以内的宝宝还不能吃普通饭，但宝宝和大人一样喜欢饭菜的香味。用粳米熬粥，可补中益气，质地软烂，也适合宝宝的胃口。尽管熬粥人人都会，但要把粥熬到色、香、味俱全，让宝宝快快乐乐地百喝不厌，还是需要一些功力的。

及第粥

将准备好的猪肝去血水，然后切成小薄片；把小猪肉丸用盐调好味，再将海米切碎，两者均作为辅料；当米粥开锅后先加入海米，九成熟的时候再下入小肉丸，最后加猪肝薄片，待调好咸淡，便做成了一种著名的广东粥点——及第粥。

营养小秘密：

这款粥点不仅名字好听，而且味道鲜美，营养价值也非常高。如果宝宝从不喜欢吃营养专家所建议的猪肝，应该让宝宝试试及第粥。小小的一碗粥大约含有12克蛋白质，很多的维生素A、铁。如果每个星期吃上三五次，就不用担心宝宝缺乏维生素A了。

香韭蛋粥

韭菜具有特殊的味道，还含有不好消化的糖类物质，但是宝宝往往很喜欢。可选择一些很嫩的韭菜，把它们切成小段；将鸡蛋打散、调味、炒熟、剁碎，然后将韭菜和炒蛋一起加入到熬至九成熟的米粥中，用盐和味精调味，继续煮至烂熟，即可做成可口的香韭蛋粥。

营养小秘密：

韭菜中含有很多维生素C和硒，并有促进胃肠蠕动和通便的功能。

小贴士

如果要将粥熬到黏、稠、软、烂，有一个小窍门，即用电饭煲。开锅后将盖子掀开一条细缝，使粥小开但不往外冒，大约20分钟后米粥就熬成了，但千万不可急于求成，采用加碱的做法。

熬粥其实只是一种很简单的烹饪，但可以在简单的米粥上变化出多种花样，如皮蛋瘦肉粥、绍兴鸡粥，还有芝麻棒骨粥等，都可为宝宝一试。因为不需煎炒烹炸，操作简单，特别适合家庭尝试。

批评宝宝的原则

（1）批评宝宝时，应该单独和宝宝说话，不要让他在别的小朋友面前丢脸，以此保护他的小小自尊心。

（2）在批评宝宝前，先说一些宝宝的优点，然后再说缺点，让宝宝能乐于接受。如宝宝洗手时将衣服弄湿了，就要先表扬他自己会洗手了，然后指出洗手时弄湿衣服可不好。

（3）批评宝宝要对事不对人。如宝宝打了小朋友，要对他说明打人不对，而不是责备他：“你怎么这么不懂事。”

（4）不要过分强调宝宝的过失，而要将重点放在今后如何改正错误上。

（5）父母批评宝宝时，要蹲下来和宝宝讲话（或者都坐在椅子上），态度要和善，不要站在宝宝面前，居高临下，语气咄咄逼人，让宝宝感到害怕，这样会使宝宝内心产生反抗心理。

（6）批评宝宝时，父母的表情要严肃，让宝宝知道这样做确实不好，让父母不高兴。

（7）批评时要对准错误的要害，简明扼要。父母要对宝宝说明这样做为什么不对，怎样做才是好孩子。

（8）倘若宝宝有错，就要马上进行批评。如果错误已经发生很久了再进行批评，宝宝会感到莫名其妙。

（9）同一错误不可因父母情绪的关系，时而放任，时而批评，这样会使宝宝难辨是非。

（10）不要以为批评了一次，宝宝就会改正错误，当宝宝重犯时，要耐心说服教育。如宝宝和小朋友抢玩具，他只是想得到玩具，至于行动本身有没有错，他早忘了，父母需要反复教育。

（11）只要宝宝知道自己错了，又有悔改之意，父母就要原谅宝宝。

（12）批评宝宝的时间不要超过5分钟。

（13）父母批评宝宝都要以爱护宝宝、培养宝宝良好品行为出发点，并充分相信宝宝能改正错误。

（14）批评宝宝时不要将家人连带上，如："你怎么和你爸一个样。"

（15）不要对宝宝要求太高，如宝宝尿湿了裤子，穿反了鞋子，吃饭撒了一地饭粒，出现这些情况不要过分批评，宝宝的年龄还小，尚不能控制排尿、分清左右脚、动作准确协调。

宝宝不肯吃药怎么办

虽然吃药很令人讨厌，但常常是非做不可的事情。父母在碰到不肯吃药、喂药时把药吐出来的宝宝时，总是又着急又担心。遇到类似情况，父母可这样做：

要用积极的态度对待宝宝

父母不要因让宝宝吃药而对他表示歉意，不要让宝宝知道父母也认为药很难吃。应该高高兴兴地让宝宝吃药，把吃药当作一件平常的事情。

（1）父母态度要坚决。对宝宝讲清楚，父母根本不在意他的哭闹和折腾。宝宝生病时，除了老老实实吃药别无选择。

（2）不要自责。不要对宝宝说父母为让他吃药感到难过，是个“坏爸爸”之类的话。宝宝拒绝吃药时父母也不要用“把医生找来”的话去吓唬宝宝。但可以利用医生的影响力，告诉宝宝，父母和医生都希望他能很快恢复，并向他解释必须吃药的道理。

（3）选择适当的服药方式：药品有药片、药水和可以嚼着吃的带甜味的药，它们便于吞咽又不影响药力。父母可以选择宝宝最容易吞服的那种药。但要注意，父母必须向医生问清楚每种药的服用方法。

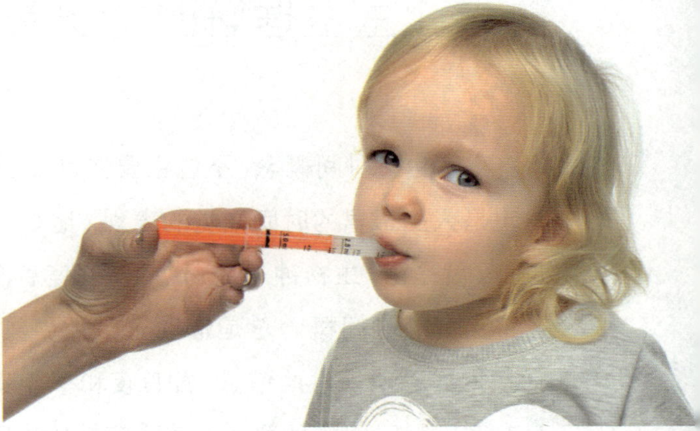

（4）如果医生允许的话，父母可以把药品掺在一些食品里让宝宝吃，或在药水中加上一些牛奶或果汁，但是不要加入太多，不然宝宝喝不完，药量就不够了。还可以把药片碾碎，撒在一勺苹果酱或果酱上，但不要哄骗宝宝说他吃的是糖。

（5）试用其他方法。和医生商量，看是否能用药勺给宝宝喂药。

（6）给宝宝上眼药或滴鼻药需要有一些技巧：让宝宝平躺在床上闭上眼睛，向他的内眼角滴眼药，当宝宝睁开眼睛时药水会自动流入。父母在给宝宝滴耳药时让他把注意力放在看电视或听故事上。

（7）讲清要求：八九个月的宝宝就能意识到自己生病了。告诉宝宝病菌是怎么回事，让他知道药里有能打败病菌的“小勇士”。对宝宝讲清楚他为什么必须吃药以及要吃多长时间的药。

(8)写出服药时间。在日历上标出宝宝服药的天数，宝宝每吃一次药就在上面画上一颗星，这也说明吃药的日子又少了一天。

(9)铃响吃药。上好计时器或闹钟，一到吃药时间铃就响了，让宝宝知道催他吃药的"坏家伙"是闹钟，而不是父母。

奖励宝宝的合作行为

宝宝听话地把药吃下去后，父母可以给他一些点心或其他东西作为奖励。父母在实现让宝宝学会好好吃药这个长期目标时，可使用在日历上画上小星的方法，宝宝可以把小星攒起来换奖品。

让宝宝理解时间概念

宝宝也有时间概念，不过主要依靠生理上的变化产生对时间的条件反射。这也是人生最早的时间知觉的表现。比如，婴儿对吃奶的时间所产生的条件性反应，就是由"生物钟"所提供的时间信息而形成的。

宝宝的时间概念总是借助于生活中具体事情或周围现象作为指标的，包括宇宙环境所提供的信息，如日夜和季节变化，以及宝宝的生活经历。生活作息在宝宝对时间的理解上起着决定性的作用。例如，"早晨"就是起床的时候，"下午"就是午睡起来之后。只有到了5岁左右，宝宝才能够根据天气变化理解时间，如知道，"天快黑了就是傍晚"，"太阳升起来就是早晨"。

了解了宝宝对时间的认知规律后，父母在教宝宝认识、理解时间时，就知道该用什么方法了。

养成有规律的生活习惯

父母可以给宝宝制定一份科学合理的作息时间表。如让宝宝懂得，每天在爸爸上班前应该起床；吃过早饭之后可以玩耍；到10点吃过一点东西之后还可以到外面去玩，回来时就该准备吃午饭了；饭后午睡，起床后吃一点东西再去玩耍；爸爸下班回家，很快再吃晚饭；晚饭后常常全家人在一起游戏，看电视，然后洗澡准备睡觉。

家长不必一定要宝宝知道几点该做什么事，如果宝宝提出一些要求时，可以告诉他“吃过午饭”或“等爸爸回来”“午睡之后”等等，来作为时间的概念传达给他。如此宝宝就立刻听懂了，而且能耐心地等待到相应的时间有准备地去做某件事。

利用钟表

钟表是成人时间信息的主要来源。尽管宝宝不认识钟表，也不懂得几点钟是什么意思，但是许多宝宝能模仿大人看钟，能从表针的角度联系到自己的生活程序，知道下午的5点之后，当表针指到一定位置时爸爸就要回家了。而且宝宝还经常把钟表上的字形象化，并把它和某种事情联系起来。宝宝两岁以后，家长就可以利用宝宝的这些特点来让他掌握时间概念了，具体方法是：

买一个大时钟，家长和宝宝一起动手，画一些简单的图画，如床、面包、玩具、电视等（也可以找现成的图片），把它们贴在时钟相应的位置上，如在9点贴上玩具，在10点贴上床，表示上午9点是游戏时间，晚上10点就该上床睡觉了。把钟挂在宝宝房间里，让宝宝能够平视到它。这样，不但可以帮助宝宝认识时间，而且还有利于宝宝有规律地生活。

培养守则

（1）父母要以身作则，答应的事就必须做到。

（2）赴约或在出门之前，提醒宝宝提前做准备，以免耽误。

（3）帮助宝宝每天把重要的事记在日历上，可以用画图、做记号等方法。

培养节约时间的习惯

（1）父母做榜样，办事麻利，不拖拖拉拉。

（2）通过讲故事、做游戏来告诉宝宝时间的重要性，为什么要节约时间。

（3）即使是玩，也要鼓励宝宝充实地玩，不要无所事事地消磨时光，比如拿着玩具无聊地敲。

（4）让宝宝体会一次浪费时间的后果。

宝宝的语言培养

过生日

培养目的：

（1）教宝宝学用数量词，学讲祝贺生日的话。

（2）训练宝宝的语言表达能力，丰富宝宝的词汇。

内容：

（1）妈妈给宝宝看各种物品，说一说有什么，叫出每样东西的名字，教宝宝学说物品的数量词。

（2）可以设置游戏情境，给宝宝戴上熊猫头饰，熊妈妈高兴地为熊宝宝过生日，熊妈妈拿着玩具中的一个布娃娃说：“祝贺宝宝生日快乐，送你一个布娃娃。”也可以一次送两样礼物。妈妈要教宝宝学会接受礼物并说：“谢谢！”

（3）交换角色，可以让宝宝给熊妈妈祝贺生日，宝宝拿着一束花，送给妈妈：“祝贺您，亲爱的妈妈，生日快乐，送您一束花。”妈妈高兴地接过花亲亲宝宝，鼓励宝宝，让宝宝将各种物品都送完，也可以送其他的物品。

（4）在日常生活中，倘若去给朋友或亲戚过生日，可以鼓励宝宝送礼物给“寿星”，并学说各种祝福的话。

萝卜长大了

培养目的：

（1）培养宝宝懂得劳动才能收获，爱好劳动。

（2）锻炼宝宝学习讲述画面的情节，发展宝宝的理解力和表达力。

内容：

（1）妈妈让宝宝看一张图，遮住另一张图，通过提问：“图上有什么？它在干什么？它的表情是什么？”引导宝宝说出：“图上有只小兔子，它高高兴兴地为小苗浇水，小苗长得很壮。”接着宝宝去阳台，给花浇水。应该使宝宝懂得花喝了水就能长高，萝卜喝了水才能长大，应常给花浇水。

（2）妈妈可以让宝宝再看先前遮住的那张图，让宝宝比一比两张图上的萝卜哪个大，使宝宝懂得浇水后萝卜就长大了，小兔爱吃萝卜也爱劳动。妈妈可通过提问：“小兔的表情是怎样的？萝卜长得有多大？”引导宝宝说出：“萝卜长大了，小兔高兴得手舞足蹈。”

（3）在日常生活中，妈妈可和宝宝一起种植一种植物，让宝宝照顾，观察植物的变化。妈妈可代替宝宝做一份观察记录，让宝宝在亲自劳动过程中体验劳动的乐趣，培养宝宝爱劳动，爱护花草树木的良好品德。

熊猫宝宝

培养目的：

（1）教宝宝认识熊猫，发展宝宝的口语表达能力。

（2）教宝宝知道熊猫是我国的国宝，教育宝宝爱护熊猫。

内容：

（1）可以设置游戏场景。妈妈轻轻敲门，爸爸问：“是谁呀？”妈妈说：“我到你家来做客。”爸爸说：“哦！欢迎你到我家。”随着声音走进来一只由妈妈扮演的大熊猫。爸爸和宝宝共同围绕大熊猫转一圈，边转边说：“大熊猫，胖又胖，可爱又可贵。”随后引导宝宝观察熊猫，爸爸问：“这是一只怎么样的熊猫？”启发宝宝讲出“可爱”。

（2）可以让宝宝看录像片，讲讲熊猫的本领，引导宝宝讲出熊猫会推车、吃竹叶等。

（3）爸爸提问宝宝：“熊猫宝宝推车、吃竹叶的样子真可爱，想一想，熊猫宝宝还有哪些动作也是很可爱的？”宝宝讲的同时，爸爸画简笔画，突出熊猫动作的可爱。如：骑小车、吹泡泡、玩跷跷板、踩皮球等。每画一个动作就请宝宝学一学这个动作。

（4）爸爸给宝宝一只玩具熊猫，妈妈告诉宝宝：“熊猫宝宝真可爱，我们带熊猫宝宝去公园玩吧？”家长和宝宝抱玩具熊猫去公园玩。

父母可通过讲故事让宝宝知道“熊猫只有我们中国有，外国是没有的。它是我们国家的国宝，是宝贝，大家都要爱护熊猫”。还可采用讨论的方法，使宝宝了解有关熊猫的各种知识，激发宝宝对熊猫的热爱。

练发音

培养目的：

（1）教宝宝练习发准声母是“n、l”的字音，学会简短的儿歌，学说短句：“老奶奶，南瓜送给你。”

（2）教育宝宝尊敬老人、关心老人。

内容：

（1）妈妈拿一张画有老奶奶的图片，问：“宝宝，谁来了？”稍停，妈妈接着说：“老奶奶来看小宝宝的。”“小宝宝好。”妈妈要教宝宝说：“老奶奶好。”

（2）图片奶奶说：“小宝宝真懂礼貌，奶奶很高兴，下次再来看小宝宝。再见！小宝宝。”妈妈要教宝宝说：“奶奶，再见！”注意练习“nai”。

（3）妈妈拿出篮子与南瓜，进行送南瓜游戏。妈妈问宝宝："这是什么？""篮子里放着什么？"注意纠正"nan"与"lan"。妈妈说："宝宝，我们把南瓜送给老奶奶吃，好吗？"

（4）妈妈示范送南瓜。妈妈手里拎着篮子边走边念儿歌：小篮子，手中拿，我给奶奶送南瓜。念完两遍儿歌，妈妈把篮子交给宝宝，交换位置，让宝宝拎着篮子，边和妈妈念儿歌边去送南瓜。

谁会这样

培养目的：

（1）训练宝宝对飞、爬、跑、跳等动词的正确使用。练习短句"会×"。

（2）培养宝宝积极思考的习惯，提高宝宝学习语言的兴趣。

内容：

（1）妈妈拿出一些动物图片，告诉宝宝："我们家来了很多小客人，他们每个都有一种本领：会飞、会爬、会跳、会跑、会游。他们是谁？请宝宝把他们找出来。"宝宝每找到一种动物，妈妈就提问："这是谁？会干什么？"宝宝练习短句，例如："小鸟会飞。""这是小鸡，小鸡会走。"并模仿相应的动作。

（2）父母和宝宝各戴一种动物头饰，互相提问："你是谁？会干什么？"放音乐，若是听到小鸟飞的音乐，那么会飞的动物就做飞的动作飞起来；听到兔跳的音乐，则会跳的动物就跳起来。可以更换不同的动物头饰，训练宝宝做跑、跳、飞、爬、游的动作，而且在跳（飞）起来时要做自我介绍："我是××，会×。"

（3）妈妈可以继续启发宝宝积极思维。提问："天

小贴士

宝宝的音乐感受能力不强，父母给宝宝放的动物动作音乐应该是容易理解的、形象的，并适当配以动物的叫声或环境的声音，从而帮助宝宝辨别音乐形象，做出相应的动作。这样不但能培养宝宝的语言能力，而且能起到发展宝宝音乐感知能力的作用。

上谁会飞？”“水里谁会游？”“还有谁会跳？”“会跑的还有谁？”“会爬的还有谁？”等等，鼓励宝宝大胆地说出自己的看法，积极回忆，尽可能说出多种动物。

（4）拍手游戏。妈妈说：“乌龟会爬。”宝宝和爸爸拍手说：“对对对，乌龟会爬。”妈妈说：“小鸟会爬。”宝宝和爸爸拍拍手说：“错错错，小鸟不会爬。”速度从慢到快，形式从爸爸和宝宝一起回答慢慢到宝宝单独回答。玩过几遍后，可让宝宝继续说：“××会×。”让妈妈、爸爸对答。

小兔和它的朋友

培养目的：

（1）在家长的帮助下，让宝宝正确理解故事内容，丰富宝宝的词汇量。

（2）通过故事，使宝宝明白帮助朋友解决困难才是真正的好朋友。

内容：

（1）结合图片讲故事。妈妈首先出示小猴、小猪、小兔：“它们是谁，要干什么去？”妈妈接着出示美丽的花，移动小兔：“小兔看到了什么？这是一朵什么样的花？”（启发宝宝用“漂亮的”“红红的”等形容词来描绘花）拿下花，放在小兔手上：“小兔把这朵花怎么样了？”妈妈接着讲述：“小猴和小猪都想要这朵花，它们对小兔说：‘我们是好朋友，把花给我，好吗？’小兔心想只有一朵花，该给谁呢？小宝宝说该给谁？”然后妈妈出示大野猪：“正在这时，山林里来了一只什么？”“它是怎么样来的？”“大野猪要吃小兔的，这可怎么办呢？”

（2）让宝宝带着悬念听故事《小兔和它的朋友》。妈妈提问：“是谁赶跑了野猪？”“小猪是怎么样赶跑野猪的？”“谁是小兔真正的朋友？为什么？”“宝宝喜欢谁？”帮助宝宝理解故事内容。

（3）可以让宝宝根据自己的理解讲述故事。

妈妈讲故事时，也可拿着布袋动物套在手上进行表演，通过这种直观的形式帮助宝宝理解故事内容。

防治儿童癌症

目前，在癌症患者中，儿童癌症的发病率正呈逐年上升趋势，已引起医学界的极大关注，也使父母忧心忡忡，更给患儿及其家庭带来巨大的痛苦。

专家强调，目前肿瘤基因治疗还没有取得突破，恶性肿瘤的控制仍应坚持预防为主的方针，早期预防和诊断是战胜癌症的关键。由于儿童这一群体生理和心理的特殊性，在预防方面，父母的责任重大。

儿童癌症多发于出生后5年内，这一年龄段的宝宝大多不会诉说病情，父母必须密切注意宝宝的身体状况，做到早发现，为治疗争取时间。倘若宝宝出现以下任何症状时，须尽快到医院做详细检查：

（1）不明原因的发热，使用抗生素治疗无效者。

（2）面色苍白、贫血及有易出血倾向者，如牙龈、鼻腔出血，或皮肤有出血点。

（3）局部有包块，或颌下、颈下、腋下、腹股沟有淋巴结肿大。

（4）不思饮食，身体日渐消瘦。

（5）肝脾肿大或上腹部有肿块。

（6）视力有障碍，斜视或眼球凸向外出等。

（7）血液检查发现白细胞过高或过低，或伴有红细胞血红蛋白及血小板减少等情况。

研究表明，儿童癌症的发生更多地涉及到父母的遗传基因。儿童癌症的预防与成人癌症的预防有所不同，应该从年轻父母的自我保健着手，父母的生理健康是儿童健康的基本保证。母亲必须注意怀孕期间避免与有害物质接触，特别是药物治疗、放射检查等，而且保证必需氨基酸和维生素的摄入，这些对儿童癌症的预防具有非常重要的意义。

环境因素也不能忽视。调查表明，有九成白血病小患者家中半年之内曾经装修过。虽然装修材料中的有害物质是否是小儿白血病的重要诱因还需进一步考证，但新装修的房子应该经过一段时间的开窗通风再住。

妈妈育儿有方法，宝宝健康做“加法”

为了帮助你更好地阅读本书，我们提供了以下线上服务

快来学

·【宝宝辅食攻略】 花样辅食学着做，宝宝营养又健康

·【宝宝疾病预防】 面对问题不焦虑，做好预防少生病

跟着做

·【婴儿护理手册】 日常护理有参照，抓好生活小细节

·【亲子益智游戏】 亲子互动手指操，玩出聪明宝宝

来分享

·【育儿交流群】 育儿过程有困难，宝爸宝妈来帮忙

微信扫码，添加智能阅读向导

对照【身体指标】，了解宝宝发育情况

PART 4

2岁10月至2岁12月

此阶段宝宝各项运动能力都有发展，能非常利落地跑步，还能用单脚跳着走。宝宝已经具备良好的平衡能力，并会拍球、抓球和滚球，但是仍难以接住球。

宝宝已经能背诵多首儿歌了，并能用复杂的句子表达自己的意图。宝宝的问题更全面了，他对新鲜事物的探索精神常让你疲于应付，常常提出“是什么？”“在哪儿？”“怎么样？”等类似的问题。

宝宝的注意力已经能够集中一段时间，可参与类似捉迷藏、老鹰捉小鸡等需要小朋友之间合作的游戏。宝宝已经能将各种用途不同的物品分类，但还局限在按物品的用途来分，比如吃、穿、用、玩等；也能画一些简单的图形，但是比例不一定协调。

第一章 2岁10月

◎ 宝宝为什么爱咬人

◎ 让宝宝玩打闹游戏

◎ 帮宝宝克服恐惧感

◎ 如何防治哮喘病

◎ 怎样培养宝宝的灵巧性

指导宝宝改掉抢东西的习惯

2～3岁的宝宝在一起游戏时，往往毫不客气地互相抢东西，这是由于他们与其他小朋友交往的需要不强烈，也不知怎么去交往，更不清楚玩具还有个所有权的问题。因此，只要觉得好玩就断然地抢过来，抓到手里就是自己的。

家长对这个年龄宝宝的“抢物癖”不必过多干预，有时让他们互相抢抢也没有什么。若是宝宝经常如此，就让他多和年龄较大的孩子玩，大孩子会保护自己的权利，也会适当地给他以照顾，这是对宝宝最好的教育。若宝宝为抢东西而打人、抓人，父母可以不动声色地把他引开，转移他的注意力，等他平静下来，再讲清道理。用不着当时就狠狠地责备宝宝，那样反而会使宝宝变得更固执，或者使宝宝感到非常委屈、伤心。

随年龄的增长，等到了3岁以后，宝宝逐渐就会产生和小朋友交往的需要，逐渐学会和别的孩子交朋友，这时也就会慢慢地大方起来。倘若宝宝还表现出自私，那就要讲道理进行教育。

3岁以前，当别的孩子要宝宝的玩具他不给时，父母不能强迫宝宝把玩具给别人，那会使宝宝失望、委屈，觉得父母也帮助别人欺侮他，只能更增强宝宝的自私心理。

小贴士

父母若是经常看到2～3岁的宝宝把自己的东西给别人，不要以为这是宝宝无私，其实很可能是宝宝过于懦弱，受到别人欺侮时不会应付，只好向对方屈服、讨好。这时，父母不要帮宝宝争东西，否则会增加宝宝的依赖心理；应让宝宝多和性格温和的宝宝玩，家长同时也教他学会保护自己的权利。

宝宝为什么爱咬人

宝宝在1岁左右的时候，有时会冷不防地咬人，这是正常现象。因为此时宝宝正在长牙齿，看见什么都喜欢用牙去咬一咬，可宝宝又分不清到底咬的是人还是物。对宝宝来说，咬人和咬玩具是一样的。

另外，当宝宝由于饮食不节引起内热的时候，也会咬人，咬东西。父母只要给宝宝吃一些使内热消失之类的中成药，宝宝就能恢复常态。

2岁多的孩子如果还咬人，那就有一些客观原因了。若只是和别的孩子发生矛盾，偶尔咬了对方一口，这是正常现象。如果宝宝经常处于紧张状态，总是不高兴，常常无故咬别的小朋友，则应该引起父母注意并寻找原因。比如，是否在家里被管得太严、太多，当进入到一个容易兴奋的环境时，就难以控制自己。另外，若宝宝过去常常受到别的孩子攻击，对小朋友任何接近他的表示和行动都怀有戒心，就会采取先发制人的态度，咬别人一口，以示“抗议”。

通常对健康宝宝的这类毛病，不需用药治疗，只要耐心地教育，就能够帮宝宝克服缺点，和别的小朋友和睦相处。父母不要以为宝宝会用咬人的方法去对付与他发生矛盾的小朋友，是宝宝不会吃亏的一种“本事”，须知这样的“本事”发展下去对宝宝的性格发展和心理健康都是非常不利的。

教会宝宝如何保护自己

父母大多都教育宝宝不要打架，可是有些性格温顺的宝宝往往被人欺负，又不敢还手。父母为此很烦恼，怀疑对宝宝的教育错了。

教育宝宝不打人是对的，但教给宝宝正当的自我防卫意识和方法也是必要的。有些攻击性较强的宝宝常爱欺负没有防卫能力、遇事软弱退缩的宝宝，所以父母应教会宝宝如何保护自己。

父母要鼓励宝宝和各种性格的小朋友交往。有些家长只让宝宝和性格温顺的小朋友玩，躲开那些爱打人、抢东西的宝宝，以致宝宝遇到别人的攻击便不知怎样对付。

宝宝之间发生冲突时，父母不妨先冷静旁观。若一发生冲突，父母就大惊小怪地冲上去保护，宝宝会感到对方是强有力的，自己是软弱的，需要大人的保护，当父母不在的情况下就不知所措。只要宝宝不来找，父母可以在一旁注视，锻炼宝宝自己化解冲突的能力。若宝宝哭着来求助父母，而冲突又不严重（如被人打了一拳，或抢走了东西），父母就应平静地告诉他："你自己想想该怎么办？"或者说："你自己去找他把东西要回来。"宝宝看到父母这种平静的态度也会随之平静下来。父母不必非要宝宝报复那一拳一脚，重要的是锻炼宝宝对待攻击性行为的心理承受能力。对于抢走的东西，宝宝如果要不回来，可教宝宝自己找对方的父母要回，以锻炼宝宝的交际能力。

父母要教会宝宝在大人不在场的情况下保护自己，但要注意不能简单地教宝宝："他打你，你就打他。"2岁多的宝宝还分不清谁是故意打他，谁是无意中碰了他。父母简单的教法会使他也变为攻击性强的宝宝，有违文明教养的初衷。父母应教会宝宝自我保护三步骤：

（1）倘若小朋友碰了你，你可以面对面地对他说："请你别碰我。"并离他远一点儿。

（2）若是小朋友不听，更使劲地打你，你要大声地对他说："不许你打我！"（既可镇住对方，又可引起周围成人的注意）

（3）若小朋友还使劲地打你，你就可以用力推开他。

让宝宝玩打闹游戏

懂得利用打打闹闹和同伴打成一片的宝宝比较容易受欢迎，经常一闹就真打起来的宝宝比较惹人讨厌。

父母要善于利用一些打闹游戏教育宝宝，这有利于帮助宝宝掌握人际关系中的微妙之处。例如，不要使劲碰小朋友的头、面部和小肚子，否则会因弄痛人家而引起真正的打斗等。大人和宝宝玩这种游戏，不必担心宝宝会变得淘气，变得有暴力倾向。

父母和宝宝打闹游戏时应注意：

（1）在户外玩时，适宜在草地、沙坑或沙滩上；在家玩时，倘若没有地毯，可以铺上棉被等软软的东西，周围不要放有尖角的家具。

（2）拿开鞋子、皮带等随手可取而伤人的东西以及贵重物品。

（3）跟宝宝约法三章，不要有踢、咬、抓头发和勒脖子等危险动作，不要触及脸和小腹等危险部位。

（4）不要争输赢，玩得高兴即可。

（5）应该有时间限制。

宝宝在"吵闹"中成长

通常，宝宝到3岁左右就不喜欢单独玩耍了，开始有意识地找同龄伙伴去玩。一直在父母庇护下娇生惯养的宝宝，在开始学着和其他孩子合作玩耍时，往往会出现因不遂自己的心愿而哭着跑回父母身边的情况。这时父母应注意，无论宝宝是与别人玩得很好，还是与别人吵架，他们都是在尝试怎样在集体中生活，尝试在自己与别人的意向发生矛盾时，如何不失自我地使别人接受自己，同时又要出于合作的需要而去适应别人。宝宝正是在这种吵吵闹闹、推推搡搡的过程中寻找最佳合作方式。所以说，孩子吵闹不见得是坏事，有时也是非常必要的，不但能培养孩子的个人意志，又使他能合群。

孩子之间的争吵，大多分三种类型：

（1）主动招惹别的孩子，从而引起争吵；

（2）受到别的孩子的招惹，被迫反击；

（3）报复性吵架。

不同年龄的宝宝争吵形式不同，2岁时大多只是被动地卷入争吵，而到了3岁，就越来越爱主动招惹别人，这大概是宝宝日益发展的自我意识的一种表现。

宝宝吵闹的原因很多，争抢一个玩具，争首先玩滑梯，对方无意的碰撞，都能招致打闹。宝宝间的打闹不会是无缘无故的。倘若父母只是简单地讲"打架不好"，或训斥一番，丝毫无助于加强宝宝间的协作精神。干预宝宝间的争执，实际上是剥夺了宝宝学习在集

小贴士

宝宝们有自己的一套道理，用自己的方式表达自己，用自己的方式彼此合作。在宝宝的世界里，大人的推理是无效的。用成人的眼光判断宝宝之间的争执，训斥他们"不许打架""打架是坏孩子"等等，其结果只能适得其反——激怒宝宝，使他们形成不良个性。正确做法是，父母把宝宝间的争执当作他们适应集体生活的第一课。如果不出现危险性、伤害性的打闹，父母不要过多干预。

体中生活的机会。

幼儿嫉妒心理的正确指导

在日常生活中，常常看到这类有趣的现象：两个宝宝搭积木，一个搭得又快又好，一个搭得又慢又差，搭得差的宝宝几经努力，还赶不上搭得好的宝宝，由此便会把别人的成果一捣了之，或把别人推倒，让大家都玩不起来。这种行为便是宝宝嫉妒心理的表现之一。宝宝约在1岁3个月后就会从痛苦情绪中分化出嫉妒。

宝宝嫉妒心理产生后，常常容易把怨气指向别人，或想方设法攻击对方，或千方百计地把"跑"在前面的人拉下来，使之与自己"同步"，或落在自己的后面。过分的嫉妒会使宝宝的性格慢慢变得古怪起来，如抑郁多疑、神经过敏、执拗浅薄、自暴自弃、推卸责任等。父母必须注意对宝宝的嫉妒心理及时疏导。

（1）减轻宝宝的嫉妒。父母除了指导宝宝正确地认识和评价别人以外，更重要的是尽量避免易使宝宝产生嫉妒心理的环境刺激。

（2）设法使嫉妒的消极作用向积极方面转化。这主要靠父母的教育和引导，激发宝宝的竞争意识和自强信念，培养宝宝的创造精神。关键要抓住两个方面：一是要抓住对嫉妒对象"成功"原因的分析。父母帮助宝宝弄清别的小朋友是如何获得"成功"的，是怎样"奋发努力"的，从而使宝宝改变只从结果进行比较的低层次、简单的思维。二是要指导宝宝进行自我分析。父母帮助宝宝找出自身的弱点和"赶超"别的小朋友的优势和途径，避免自弃、自卑、攻击、执拗等不良心理的侵扰。

（3）帮助宝宝摆脱伤害性情感的困扰，保持愉悦舒畅心态，促进宝宝健全人格的形成和发展。这是疏导的主要任务。父母需从多方面努力：一是要注意对宝宝进行精神鼓励。如告诉宝宝："他搭的小房子是不错，不过，你会拍球，拍得也很好。"在宝宝妒火中烧时，父母不能火上浇油，如骂宝宝"无能""没出息”等。二是要对宝宝进行积极的情感暗示。父母可用鼓励的目光进行情感暗示。三是要转移宝宝的注意方向，使宝宝用另一种情感冲淡或代替嫉妒心。如讲讲故事，或者带宝宝出去走一走等。

帮宝宝克服恐惧感

2~3岁宝宝的恐惧对象主要为黑暗、打雷等自然现象，或动物、昆虫以及独处。

倘若宝宝对黑暗有惧怕感，父母平时绝不要用“关黑屋子”的办法来惩罚、吓唬宝宝，不然宝宝会把黑暗与恐惧这种强烈的不愉快情绪联系起来，对黑暗的惧怕感越加强烈。许多父母和宝宝逗乐时，故意把宝宝领到黑暗处去，然后大喊“狼来了”，吓得宝宝惊慌失措。这种逗乐会使宝宝惧怕黑暗的情感体验强化定型，难以消除，是非常有害的。为淡化宝宝的恐惧感，父母要利用日常生活中的各种机会，自然而有意识地锻炼宝宝。如带宝宝在黑暗中做“藏猫猫”的游戏。对2岁半以后的宝宝，父母可用浅显的语言把黑夜的形成原因告诉他，消除宝宝因对黑暗的神秘感而引起的恐惧。

若是宝宝害怕打雷，父母可用形象的语言给宝宝讲解这一自然现象的成因。比如：“打雷是因为下雨以前，天上的乌云很多很多，它们在一起挤呀挤呀，挤着挤着就打起来，发出好大好大的声音，就是宝宝听到的打雷的声音。”以此减轻宝宝的恐惧。

若是宝宝怕猫、狗等小动物，可能与这些动物曾追

小贴士

宝宝对于单独身处某一空间会感到害怕，如不敢自己去居室内的洗手间。父母要逐步帮助宝宝克服这类恐惧。如先陪宝宝一起去洗手间；逐渐再让宝宝自己去，并告诉他“妈妈在这看着你呢”，要真的站在稍远的地方注视宝宝，不要宝宝一进洗手间母亲就离开；最后再鼓励宝宝自己去，如果宝宝做到了，父母要及时表扬，以激起宝宝克服恐惧感的自信心。

咬过他有关。只要不是过分惧怕，通常问题不大。父母可以给宝宝看一些介绍猫、狗的画册，让宝宝了解其习性、用途等。随着年龄增长，宝宝会慢慢消除这种恐惧。如果宝宝害怕某些昆虫，则与父母的态度有关。幼小的宝宝并不知道害怕小虫，如果在宝宝摆弄虫子时，母亲惊慌失措地阻止，会使他产生恐惧。只要宝宝摆弄的不是会蜇人、叮人的虫子，母亲就是害怕也不要形诸于色。

正确对待宝宝说谎

宝宝说的话与事实不符，大多是出于四种原因：现实与想象分不开，讨父母欢心，逃避责罚，或反映出宝宝的期望与恐惧。

（1）宝宝的思维和想象力是无拘无束的，他们无法把现实生活和文学作品中美好的人物形象区分开。如宝宝听了《白雪公主》的童话后，会觉得白雪公主就生活在这个世界上，会告诉妈妈，自己看见白雪公主了，并和她一起玩耍。对于这样的“谎言”，妈妈无须大惊小怪，竭力向宝宝证实白雪公主是假的，这样做会削弱宝宝的想象和学习上的潜能。最好的做法是让宝宝享受故事中的幻想，但也要注意引导宝宝从幻想世界中走出来关心现实。

（2）有些“谎言”折射出宝宝的期望或恐惧，父母要巧妙地向宝宝点明真相。如宝宝在向别人吹嘘他那根本不存在的豪华玩具时，他是正在幻想中过有这种

玩具的“瘾”，父母不要当着别人面纠正他。等到和他单独在一起时再对他说：“你是不是很想要这种玩具，因此你说你有，其实我们家没有这种玩具。”有时宝宝由于在托儿所被老师批评，第二天早晨就谎称肚子疼不肯去托儿所。父母通过观察宝宝面容、眼神，如能确定未生病，就应直接向宝宝点出真相，问明原因，并帮他分析，解脱心中的压抑感，让他轻松地忘掉他的“谎言”。

（3）宝宝的“谎话”大概是为了讨父母欢心。如宝宝在绘画方面较差，为了让父母高兴，可能会告诉父母：“老师今天表扬我，说我画得最好。”父母如能确认宝宝说的不真实，可以对他说：“只要你努力学习画画，妈妈就很高兴，今天老师没表扬你，这没关系。”

（4）逃避惩罚。有时宝宝犯了错误，为避免惩罚，会用“谎言”抵赖。父母的做法必须是不要给宝宝留下说谎话的机会。例如，父母应说：“这里的饼干少了，妈妈说过，你不能自己拿着吃！”而不是说：“你有没有拿饼干吃？”倘若父母已正面指出问题，宝宝仍坚持自己没错，父母应进一步证实所说的事实：“你说没拿饼干，可是家里只有你和我，但我没拿。”然后让宝宝独自待一会儿，等他说出事实，承认错误。宝宝一旦承认了错误，父母应立即称赞。

吸引宝宝的美食

美味五彩饭

原料：大米250克，肉肠50克，速冻豌豆50克，速冻甜玉米粒50克，胡萝卜1根。

制法：

（1）将肉肠、胡萝卜切成豌豆大的丁。

（2）把大米淘净，和肉肠一起放入电饭锅内并混匀。

（3）等米饭半熟时（大部分水已蒸发，但仍在冒泡），打开电饭锅盖放入余下的原料。

（4）米饭熟后立刻开盖将饭搅匀，以免成块。

特点：色泽鲜艳诱人，香气扑鼻，口味清淡，营养丰富，符合食物多样化的原则。五彩饭味香、色艳，特别适合宝宝食用。可用此方法帮助宝宝慢慢习惯胡萝卜的味道，养成食用多种食物的习惯。

薯泥小馅饼

原料：马铃薯1个，面粉适量，豆腐1块，胡萝卜半根，水发香菇3个，肉馅50克，调味品少许。

制法：

（1）马铃薯去皮煮熟，切成丁，然后用面杖压成泥。

（2）在马铃薯泥中加入体积为薯泥一半的面粉，加水制成面团。

（3）豆腐压成泥，胡萝卜、香菇切成细末，加上肉馅调匀，加入葱末、盐、香油做成馅。

（4）将面团分成3~4个小团，分别做成圆片，加入肉馅，再盖上一片，上下合拢。

（5）将饼放在煎锅中，用油略煎，再盖上盖焖熟，即可小心地盛盘。

特点：口感细腻软嫩，味道芳香可口。通过做馅的方法可以把宝宝不爱吃的蔬菜“藏”起来介绍给他们，增加了食物的选择范围，也增加了饮食的情趣。

香甜水果羹

原料：山楂10个，大枣10个，葡萄干20个，银耳5克，冰糖适量。

制法：

（1）将大枣、山楂洗净去核，葡萄干洗净，银耳泡软。

（2）将山楂、大枣、葡萄干、银耳一起放入大碗中，加水和冰糖。

（3）放高压锅中炖30分钟，然后放凉。

（4）取出后调整甜度，即可食用。

特点：味道酸甜，口感黏软，适合作为餐后甜食和加餐甜品食用。大枣和山楂都有健胃作用，富含维生素C，可促进食欲，提高身体的抵抗力。山楂中富含果胶，银耳中含银耳多糖，它们赋予水果羹黏稠的汁，其中的可溶性膳食纤维还有帮助身体排除有害物质的作用。

全托对宝宝成长的影响

近年来，年轻的父母工作负担越来越重，不得不把宝宝送入全托制的幼儿园。但全托对宝宝的成长究竟好不好，目前仍然存在着争议。

正方观点

（1）全托能够弥补家庭教育的不足。幼儿时期是智力开发的最佳时期，但现在年轻的父母一方面由于社会压力比较大，一方面也更注重自我价值的实现，通常都很忙，每天回到家里已经精疲力尽，哪里还有精力和时间去关心、教育宝宝呢？宝宝大多是一个人陪伴着电视度过晚上的，缺少社会交往，也就缺少了智力开发所需要的前提。全托则解决了这个问题。除了睡觉外，宝宝一直在和同龄人交往，和老师交往，智力得到开发，能力也得到锻炼。

（2）全托有利于宝宝社会性的发展。宝宝一进入全托班，老师首先要教会他们自己的事情自己做，让他们有独立生活的能力，如自己穿衣、吃饭等。而在家里，父母要么娇惯，要么嫌宝宝自己做不好，在许多事情上都容易包办代替，使宝宝失去锻炼的机会。另外，全托给宝宝提供了相互交往的场所。平时游戏多，活动多，宝宝们置身在自己的王国里，与同龄人在一起生活、学习，遇到困难自己解决，让他们逐步融入社会大家庭中，而不是跳跃式地进入社会。

反方观点

（1）全托可能使亲情淡薄。幼儿期是培育亲情的重要时期，全托的宝宝也许在幼儿园得到了比较好的教育，然而在父母教育这一方面，却是一块空白。父母需要在这一时期摸索教育宝宝的方法，但宝宝进了全托制幼儿园，父母就无法形成家庭教育的氛围。这些宝宝对外交际的能力或许比较强，但对家庭关系的协调却存在着不足。

（2）全托给宝宝提供的是一个相对封闭的成长环境。宝宝终日生活在幼儿园里，接触的人只有老师和小朋友，而且基本是固定不变的，很少有与外人接触的机会，也在一定程度上限制了宝宝的眼界，反而不利于他们的全面发展。

几点建议

尽管两方面的观点均出自有过“经验”的家长和有关专家，但对待任何事情都应该有一个辩证的态度。所以，父母应该根据自己家庭和宝宝的具体情况来选择是否有必要送宝宝进全托制幼儿园，而不必过分在意别人的意见。对于不同的宝宝，全托的利和弊也不相同，重要的是，父母应该懂得扬长避短。

（1）父母可以先送宝宝上日托，观察宝宝在幼儿园的情况，若宝宝对幼儿园环境很难适应，存在着较强的反抗情绪，应该等他对幼儿园生活完全适应后再决定是否上全托；若宝宝进幼儿园后比较顺利，则可以采取循序渐进的方法，如从一天一接，到三天一接，再过渡到全托，这样有利于宝宝接受。

（2）父母要考察幼儿园的环境设施等是否让宝宝感到亲切、温暖；是否能够保证有规律和安全的生活，提供合理的营养配餐；是否重视家园教育一体化，经常与家长沟通。

（3）全托幼儿园的老师必须充满爱心，能和宝宝一起哭，一起笑，一起玩，不应对宝宝有过多的限制，如不许随便说话等。同时还要善于了解宝宝的心理，因为宝宝对许多事是很难用语言表达清楚的，作为教师应该知道他们需要什么，有哪些变化，并能采取相应的措施。

（4）父母应该保证每周都能按时接送宝宝，并能与老师建立密切的联系，即使宝宝不在身边，也要掌握他的具体情况。珍惜与宝宝共度的时光，充分享受天伦之乐。但父母不能因为觉得对不起宝宝，而对他采取放纵态度，把在幼儿园养成的好习惯全丢了。在生活作息等方面尽量按照幼儿园的标准要求宝宝。

怎样治疗“夜哭郎”

是否妈妈对宝宝讲话太多了

现在的妈妈十分重视早期智力开发，往往根据育儿理论书籍的指导，在宝宝还不懂语言时期就开始不断地与宝宝讲话，同时给予各种感官上的刺激。但若对宝宝讲话太多，或感官刺激过强，特别宝宝若是一个神经质的孩子，就是大人无意中流露的带有感情色彩的话，都会使宝宝心灵感到疲倦、不安逸，因而神经高度紧张，到夜晚常会因心神焦躁而啼哭。

治疗对策——默默无语的笑脸疗法。

和宝宝接触时只以默默无语的笑脸相对，坚持1周左右，这样会松弛并且镇定高度紧张的神经。有些宝宝经此法治疗后夜里不总哭了，有的宝宝甚至在第3天晚上就停止了啼哭。

是否妈妈的情绪太紧张了

繁重的家务活使夫妻二人不和谐，婆媳之间在育儿方法上意见不一致，住在公寓中生怕宝宝的哭闹打扰邻居，这些都会使妈妈心里十分紧张不安，这种情绪会传给宝宝，使他也陷入紧张状态。特别是有人指责妈妈，妈妈更会紧张得不知怎样才好。这样，宝宝的啼哭就会越来越厉害，反反复复形成恶性循环。

治疗对策——体贴入微。

丈夫、家庭中的其他成员以及邻居对妈妈不要过多地责备、批评，而应对妈妈多一些理解和关爱。当宝宝影响了大家的生活时，要以宽容的态度对待，这种体贴会迅速治愈宝宝的半夜啼哭。

怎样判别幼儿的哮喘病

宝宝的支气管炎、心脏病所致的心力衰竭都会表现出呼吸困难，要判别是不是哮喘病发作，主要根据以下几点：

（1）宝宝连续发生过3次或3次以上的喘息，而且程度逐渐加重。

（2）家族中有哮喘或有其他过敏性疾患病史。

（3）发作时用支气管扩张剂，喘息马上得到改善。

（4）实验室检查吸入型或食物型过敏原皮肤试验阳性，以及血液中嗜酸性粒细胞增多。

小贴士

中医认为，在哮喘急性发作的时候选择西医治疗较为适宜。因西药可迅速控制喘息而使症状得以缓解。但因哮喘病是反复发作的慢性病，需要长期进行药物治疗，而中草药多为植物，对人体的毒副作用较小，因此在哮喘发作缓解期，以中医治疗为主有一定的优点。另外，中医在治疗上更偏重于调整患儿的全身体质状态，以求达到身体阴阳、内外平衡，由此从根本上解决哮喘发作，而且对症治疗。

如何防治哮喘病

家居生活

（1）房间应该保持清洁。

（2）室内应该经常通风，换新鲜空气。

（3）使用空调时，室温不要过低，应恒定在22~26℃。

（4）外面的空气充满汽车尾气、工厂污染、扬尘以及花和树木的花粉时，应该将窗户关上。

（5）当房间内发闷、发热时，或者有做饭的烟雾及强烈气味时应该把窗户打开。

（6）家里不要有人吸烟。

（7）不要让宝宝接触烟草烟雾。

（8）家里不能点香，不要有香水味肥皂、洗发液或润肤液。

（9）卧室内不要安放大、小地毯，拿走软椅坐垫和靠垫，因为它们可以积存灰尘和霉菌。

（10）给宝宝的床垫上和枕头上蒙上一种特殊的防尘罩。

（11）经常用开水洗床单和毯子，并放在太阳下晒干。

（12）家里不能养宠物。

（13）不要让宝宝在尘土飞扬的场所出入和玩耍。

（14）避免带宝宝去空气污浊的公共场所。

（15）不要让宝宝剧烈活动和过于劳累。

（16）注意天气变化，避免让宝宝着凉而患感冒。

（17）不给宝宝吃冷饮、喝冰水。

（18）在生活中密切观察引起宝宝过敏的物质。

宝宝不在家时再做这些家务

（1）扫地、吸尘。

（2）刷漆。

（3）喷洒杀虫剂。

（4）用强清洁剂。

（5）煮有强烈气味的食物。

积极防治哮喘病发作

（1）应该知道哮喘发作的征象是胸闷、咳嗽、喘息。

（2）应该与医生保持联系，坚持长期给宝宝用药治疗。

（3）每年应该带宝宝去医院检查身体2~3次，甚至在宝宝情况很好时也要去。

（4）按照医嘱应用哮喘药物。

（5）倘若宝宝气喘发作，要用快速缓解药物，然后保持安静1小时，以确定呼吸是否平稳。

（6）家里的哮喘备用药快用完时，应该提前购买。

（7）带宝宝外出时，必须带快速缓解药。

（8）在家里备有氧气袋，倘若宝宝气喘明显，可给吸氧，或边吸边送医院。

出现下列情况马上去医院

（1）快速缓解药物的作用持续时间短，或完全不能缓解病情，宝宝的呼吸仍很急促、困难。

（2）说话困难。

（3）嘴唇和指甲变灰或变紫。

（4）宝宝呼吸时鼻孔张大。

（5）宝宝呼吸时肋间和颈部周围皮肤内陷。

（6）心跳和脉搏加快。

（7）走路困难。

（8）一天需要用4次以上的快速缓解药物来平息喘息。

治疗哮喘病的中草药良方

发作期

1. 寒哮

主症：遇寒即发，恶寒怕风，鼻流清涕，痰白多沫，胸闷如窒，肢体不温，面色苍白，口不渴，或喜热饮，苔清白，脉紧，或兼恶寒、发热、无汗、头痛等。

治法：温肺化痰平喘。

方药（小青龙汤加减）：麻黄6克，桂枝6克，干姜6克，细辛3克，五味子3克，杏仁9克，法半夏9克，紫菀9克，款冬花12克，甘草6克。

痰多黏稠不易咳出、苔腻者加莱菔子、白芥子。

2. 热哮

主症：呼吸急促，气粗息短，喉中喘鸣，咳痰黄稠，胸脘烦满，喘而汗出，或面赤自汗，口渴，喜冷饮，舌红，苔黄腻，脉滑数，发热头痛。

治法：清肺化痰平喘。

方药（定喘汤加减）：麻黄6克，苏子6克，黄芩6克，款冬花12克，法半夏9克，桑白皮15克，金银花15克，连翘12克，白果9克。

痰黏不易咳出，加海浮石、海蛤壳，痰多加葶苈子、川贝。

缓解期

1. 肺脾气虚

主症：平素怕冷，易于感冒，畏寒自汗，咳嗽气短，痰稀白，食少或腹胀、便溏，肢体倦怠，舌苔薄白，脉细。

治法：补脾益肺。

方药（六君子汤加减）：党参12克，黄芪12克，茯苓12克，白术12克，法半夏9克，山药15克，陈皮6克，炙甘草6克。

怕冷、自汗加桂枝、白芍、防风。

2. 肺肾阴虚

主症：气短痰少，或痰黏难咳出，动则喘，息痰鸣，咽干口燥，头晕耳鸣，心悸或虚烦不眠，腰膝酸软，或有潮热盗汗，舌质红，苔花剥，脉弦细数。

治法：补肾益肺。

方药（六味地黄汤加减）：生地12克，山萸肉9克，当归9克，北沙参12克，麦冬9克，天花粉9克，百合12克，川贝9克，茯苓12克，山药12克。

痰多黏稠、气喘加桑白皮、海蛤壳、瓜蒌。

3. 脾肾阳虚

主症：气短痰清，动则喘，息痰鸣，头晕目眩，心悸，脘满腹胀，食少倦怠，面色苍白，自汗背冷，肢寒，腰膝酸软，小便清长，大便稀溏，舌体胖嫩，舌苔白，脉沉细。

治法：温补脾肾。

方药（肾气丸合四君子汤加减）：制附子6克，肉桂3克，五味子6克，党参9克，杜仲9克，白术9克，山萸肉9克，紫河车粉3克（冲），款冬花12克，川贝9克，菟丝子9克。

精汤难使宝宝壮

有些父母认为肉汤、鸡汤、鱼汤等是营养上品，荟萃了肉类的营养精华，又容易消化，因此常以各种汤类来喂养婴幼儿，而把煮过汤的肉类看成没什么营养的渣子。其实，这是极大的误解。

肉汤，味鲜可口，但鲜味并不一定是营养丰富的标志。汤之所以特别鲜，是因经水煮后肉类中的一些氨基酸溶于汤内，氨基酸是鲜味的来源。蛋白质才是人体的重要营养成分，而肉类中就含有较多的蛋白质，具有非常高的营养价值。经水煮后，一部分氨基酸从蛋白质内解离出来而溶于汤中，饮用后可直接被肠道吸收。消化功能异常的人喝肉汤有利于吸收。煮的时间越长，被溶解的氨基酸相对越多，但是充其量不过占该肉总含量的5%左右，还有95%的营养成分留在"肉渣"中。如果只喝汤不吃肉，等于是捡了芝麻丢了西瓜。蛋白质对于生长发育中的宝宝正常生长至关重要。倘若总是用肉汤或鸡汤喂宝宝，甚至2岁后牙齿出齐亦以此作为荤食的主要形式，就会导致宝宝生长缓慢、食欲低下甚至厌食。分析其原因，除了蛋白质供给不足外，另一个重要原因是这些宝宝常常伴有其他营养物质消化吸收不良以及缺乏锌元素等。

以汤为食物主体喂养宝宝，宝宝习惯了饮汤，只有很少的食物需要咀嚼后吃下，吞咽的协调动作得不到应有的训练。即使在牙已经出齐的情况下，这些宝宝也难将食物嚼碎，一接触固体食物就容易恶心，甚至呕吐，使父母误以为宝宝的"喉咙太小"吞不下食物。长期如此，便会影响到胃肠道的消化及吸收功能，这是导致宝宝营养不良而生长迟缓的主要原因。

这些宝宝还常常缺锌。锌是以与蛋白质结合的形式存在于肉类、蛋类及乳类食品中，它不能直接溶解在汤内。缺锌引起的味觉迟钝又是宝宝食欲差甚至厌食的诱因，结果蛋白质缺乏及缺锌之间形成恶性循环。更重要的是，锌是促进生长发育的重要元素，缺锌者个子较矮小，于是这些宝宝的身高显著落后于正常饮食的宝宝。这些宝宝的父母常常感慨万分，认为自己花了钱买最好的肉、鸡或鱼，精心熬汤，可谓费尽心机，却没养出一个发育正常的宝宝。

家长应注意不要再把“上等汤”作为宝宝的主要营养品了。当宝宝出牙后就应开始添加半固体食品，如肉末、菜泥、芹菜粥等，以训练宝宝多做咀嚼动作，促进消化道功能发育成熟，从而使宝宝能吸收足够而全面的营养物质。

宝宝生气后怎么办

新生儿就有愤怒的情绪，更何况2~3岁的宝宝正值“反抗期”，当然显得脾气特别大，动不动就暴跳如雷，尖叫、打人、哭喊、赖在地上打滚。这时候父母若是再对他大喊大叫，甚至打他，对宝宝来说无疑是火上浇油。有的宝宝会闹得更厉害；有的会害怕被打而暂停哭闹，但是宝宝愤怒的情绪并没有减缓，只是暂时压抑下来而已。怒气积压在心中，对身心健康有很大的伤害。

心理学研究表明，2~3岁是宝宝的不平衡期，自我意识强烈，事事反对，情绪起伏很大。这时候父母的态度特别重要，稍不留意就会发生错误的管教。以下便是常见的错误方式：

许多父母希望宝宝这段时期是乖巧、听话的，倘若宝宝服从大人的安排就给予奖励。此时宝宝可能为了获得物质利益，压抑自己的情绪发泄，因此比别的宝宝显得有教养。可是上学以后，在班上却是一个畏缩、孤独、胆小、害怕尝试新事物的宝宝，一生缺乏冲劲，没有主张。因此父母不能只注重宝宝一时的乖巧。

有的父母对宝宝约束太严，宝宝并不甘心接受，而是将怒气放在心里，等待机会发泄。例如，父母不在场时偷偷把家里的东西弄坏。这种宝宝长大后容易变成一个心胸狭窄、内心充满敌意、表里不一的虚伪人。

有的父母不敢管宝宝，只要宝宝一闹就让步，宝宝一发脾气就随他。这样一来，宝宝常常变得为所欲为，以哭闹来达到目的。上学之后则有可能变成一个行为乖戾、不合群、不知道如何遵守团体规则的孩子。

其实，宝宝也会有情绪，而他发泄情绪的方式经常是从父母身上学来的，如摔东西、踢门。父母若不希望宝宝发脾气时摔东西，就要先从自身做起。

当宝宝发脾气时不能压抑他，又不能让步，那父母该怎么办呢？

首先，以宝宝有兴趣的事物来吸引他的注意力，帮他把怒气转移，等他的情绪平缓后，再了解他为何发怒。其次，引导宝宝用语言表达自己的不满，诉说可以帮助宝宝把怒气发泄掉；父母的倾听，也可以让宝宝感受到被关心和注意。最后，父母要耐心讲道理，使宝宝明辨是非，逐渐学会控制情绪。

怎样培养宝宝的灵巧性

健康的宝宝大多会尽情玩耍。各种游戏对宝宝来说，不仅能增强对肌肉的锻炼，而且对呼吸及循环机能的改善有着非常重要的作用。运动可以刺激宝宝的运动神经，训练宝宝的灵巧性。父母应有意识地利用一切机会，让宝宝在走、跑、跳的活动中，锻炼身体各部分的机能，增强身体的协调能力。

走

在日常生活中，宝宝走路的机会很多，如饭后散步、周末或节假日到公园玩等，此时，父母应尽量让宝宝自己走路。倘若只是单纯走路，宝宝过一会儿就会感到无聊，所以要不断变换走路的方式，如一会儿快走，一会儿慢走，或是有节奏地和着音乐的节拍走，也可以牵着宝宝的手走台阶等。只要宝宝感兴趣，就让他充分地走。当然需注意不要让宝宝走得过于疲劳。

在纠正宝宝走路姿势时，应充分考虑到宝宝喜欢模仿和想象力丰富的特点。比如，有的宝宝走路低头，父母可以告诉他：“如果你不抬头走路，就快像一个老爷爷或老奶奶了。”由此来激发宝宝纠正姿势的动力。

走路本身是一种单调的、枯燥的运动，若是把走路变成一种愉快的运动，既有益于骨骼和肌肉的发育，又有利于宝宝智能和身体协调能力的培养。有的父母和宝宝一起出去，会因宝宝不与自己同步而感到心烦，总是把宝宝叫回来与自己保持同步，宝宝想走走台阶或马路牙子也不行，这样会使宝宝感到与父母一起走路索然无味，时间长了就没有兴趣，不利于宝宝的身心发展。

跳

跳可以训练宝宝的平衡能力，要比跑和走都有难度、有技巧。应引导宝宝去想象他们喜欢的小动物，如小白兔、青蛙等，让他们一边想象一边模仿，跳得有节奏，并保持好身体的平衡。还可以让宝宝练习左右脚踢沙包、踢毽子等游戏。在走路的时候，可让宝宝从一个台阶上跳下来，或在跑步时跳起来够树枝等。父母不要以为这是顽皮而批评宝宝，其实这也是一种自我训练的方法。跳跃的练习要循序渐进，运动量不能过大，时间不宜太长，不然会加大宝宝关节的负担，使肌肉疲劳，造成不良后果。

投接

投接不单纯是一种上肢运动，也是手、脚、脑并用的协调训练，可提高宝宝运动神经的灵巧性。有些宝宝在玩投球动作时，抱着球不知往哪里投，或是顺手丢在地上，也有的宝宝对迎面过来的球不敢接或不知所措，这都是协调能力不强的表现。父母应找机会培养宝宝的反应能力和灵巧性，最适宜的办法是带领宝宝到操场去扔沙包，以此锻炼宝宝的投、接能力。

滚翻

使身体弯曲进行滚翻，是练习腹肌的最好办法，也是宝宝最爱玩的运动，可在沙滩、草地或床上进行。让宝宝双手抱膝，身体缩成一团，父母轻巧地一推，宝宝便尝到滚翻的乐趣。腹肌和平衡能力均可得到锻炼，从而使宝宝更富有灵巧性。

小贴士

不可用饮料代替水

水是机体中含量最多的成分，大约占体重的60%，小宝宝可达70%~75%。水是维持人体正常生理活动的重要物质之一，人就像离不开空气一样离不开水。

目前，随着生活水平的提高和饮料品种的增加，许多父母都为宝宝购买各种品味的饮料，甚至以饮料代替水。殊不知，这种做法对宝宝的生长发育有很多害处。

各种饮料都提供一定的热量、维生素、钠、钾和某些微量元素等。据资料介绍，酸梅晶100克可产生约1647千焦热量，若是饮食完全正常的宝宝经常喝这类饮料，可造成热量过剩，从而使身体发胖。经常饭前喝饮料、喝过凉的酸饮料对胃有刺激作用，可影响正常进餐，破坏了正常的饮食规律，影响食欲，长期下去会发生营养障碍。

为宝宝设计美食

什锦笃烂面

原料：碎面条1勺，青菜适量，香葱少量，虾皮末1小勺，香菇1个，胡萝卜一小段，鱼汤1小碗，鱼泥（去掉鱼刺、鱼皮）1勺。

做法：

（1）香菇去柄，用温开水泡软后，切成小丁；胡萝卜切成薄圆片；青菜的菜梗与菜叶分别切碎；香葱切碎。

（2）将碎面条、香菇丁、胡萝卜片、菜梗末、虾皮末、鱼泥、鱼汤一并放入锅中，加少量冷开水，搅匀，中火煮开。之后，用文火再煮一会儿（可打开锅盖）。待胡萝卜片煮软后，熄火。将胡萝卜片取出，用菜刀压成泥状，重新投入锅内，并加入菜叶末、香葱末，中火煮开。最后，滴几滴麻油即可。

几点说明：

（1）碎面条的做法：将银丝面晒干后掰碎，或买袋装卷面，事先掰碎，需要时取一些。宝宝较小时，须掰成0.5厘米左右；待宝宝较大，有几颗牙齿时，可掰成1厘米左右的碎段。

（2）青菜可用菠菜、苋菜、豌豆苗等代替，但菠菜应该先用水焯一下，以去掉草酸；胡萝卜可换成土豆；香菇可换成木耳；鱼汤可换成其他汤，如排骨汤、鸡汤等，并相应取一点肉剁碎，还可加些百叶或嫩豆腐等。

（3）若面煮得较稀，可加入半个打碎的鸡蛋，搅匀煮开。

咸粥

原料：白粥1小碗，肉末1勺，菜末1勺，排骨汤小半碗，虾皮末1小勺。

做法：在已煮好的白粥中加入肉末、菜末（已烧好的蔬菜剁碎）、虾皮末、排骨汤，边烧边搅拌均匀，文火煮开。若太淡，可加适量盐。

两点建议：

（1）肉末可换成猪肝末（将炒猪肝剁碎）或鸡肝泥。

（2）排骨汤也可用鸭汤等代替，只是不要太油腻（可以先冻一冻，去掉部分浮在表面的冻油）。

鸡蛋葱油饼

原料：面粉1小碗，鸡蛋1个，香葱1把，虾皮末1勺。

做法：

（1）将鸡蛋打匀，香葱切成细末。

（2）面粉加冷开水调开，呈较稀的面糊状，注意不能有小面块。之后，加入鸡蛋、葱末、虾皮末、细盐、味精适量，搅拌均匀。

（3）平底不粘锅先加热一下，倒入一小部分面糊，迅速摊成薄圆饼，在饼周围滴一圈油，文火加热，待一面摊好后，再翻至另一面。

几点建议：

（1）饼要摊得薄，这样宝宝稍加咀嚼即可下咽；用文火加热，不易烤焦，饼会稍脆。

（2）将香葱换成韭菜，即为鸡蛋韭菜饼。

（3）可挤一点菜汁和在面糊里，摊出的饼呈淡绿色，更能吸引宝宝进食，且增加了叶绿素与维生素。

鲜汤炖蛋

原料：鸡蛋1个或鹌鹑蛋4～5个，鲫鱼汤小半碗，虾皮末1小勺，香葱末少许。

做法：

（1）将蛋打匀，加入虾皮末、香葱末、鲫鱼汤，少量冷开水，搅拌均匀。

（2）隔水蒸15分钟左右，出锅时滴几滴麻油。

几点建议：

（1）将市售的虾皮买回晒干，剁碎（也可用粉碎机粉碎）装入瓶中，需要时即可取用。虾皮含钙量特别高，可经常在各类食品中添加。它不仅可代替盐（或少加盐），更对宝宝的生长有利。

（2）香葱也可用菠菜、青菜、苋菜等的菜叶代替。

（3）蒸蛋时用文火，这样蛋会较嫩。

（4）鲫鱼汤可换成鸡汤、排骨汤、鸭汤等，并可加一点肉末，制成肉蓉炖蛋。

豌豆泥

原料：豌豆粒小半碗。

做法：

（1）将豌豆粒加冷水及适量盐煮熟，煮好后可稍闷一下。

（2）将煮好的豌豆摊在砧板上，用力压成泥，去掉豆壳即可。吃时可拌入少许麻油。

建议：可直接佐餐或加入粥中食用。

第二章

2岁11月

- ◎ 父母的行为对宝宝的影响
- ◎ 宝宝心智发育异常的危险信号
- ◎ 宝宝壮骨五要素
- ◎ 宝宝数学能力培养
- ◎ 什么样的宠物适合宝宝

育儿方法
尽在码中

看宝宝辅食攻略，
抓婴儿护理细节。

家庭中亲情的培养

所有的父母都希望和宝宝建立起亲密无间的感情。亲子关系的好坏对教育孩子起着非常重要的作用。

亲情的建立，是从宝宝呱呱坠地时开始的。父母花费大量时间和心血精心照料他长大，在这个过程中，亲情逐渐建立起来。父母都有这样的经验，谁在宝宝身上投入多，宝宝就和谁更亲。有些父母把宝宝寄养在外，等宝宝很大的时候才接回来，这时再来建立亲子间的感情常常要花费很大力气。

随着宝宝的长大，他对父母在生活上给予照料的需要越来越少，而更需要父母在精神上、心理上的抚慰和激励。父母应该学会一些爱子、教子的方法。

父母应该明确地向宝宝表达爱。有的父母认为"爱应该藏在心里"，或者觉得为宝宝做的许多事就是爱的表示。但是，如果父母不直接用语言或动作表达出对宝宝的爱，宝宝就不知道父母是因为爱他才为他做许多事的。父母可以直接告诉宝宝："妈妈（爸爸）爱你。"或通过抚摸、拥抱、亲吻来表达对他的钟爱。

宝宝会说话时，父母要用语言进行感情交流。认真了解宝宝的感受，分享他们的快乐，为宝宝解除身心压力。父母还应平等地把自己的想法用宝宝能明白的语言传达给宝宝，坦诚地让宝宝分享并体验父母的思想、感受和希望。不要觉得"这丁点儿大的宝宝，他懂什么"，这种想法会阻碍亲情的培养。

以下六项可以帮助父母评价自己与宝宝之间的关系。

（1）宝宝喜欢和你说话。

（2）宝宝喜欢和你在一起。

（3）宝宝常拥抱你。

（4）宝宝常主动地把想法和感受告诉你。

（5）宝宝喜欢帮助你。

（6）有宝宝在场，你觉得愉快。

父母的行为对宝宝的影响

父母主要是通过语言对宝宝进行教育的，但在有些情况下，非语言性行为的教育效果往往可以超过语言的教育效果。

表情

宝宝看到妈妈对他微笑时，就会形成积极的情绪，会很乐意、很愉快地与父母交流，或按父母的指示活动。微笑可以沟通彼此之间的感情，消除隔阂、顾虑和不安，激发宝宝的积极性、创造性、自信心。例如，宝宝做了一件不该做的事后，父母立即以严肃的表情表示不满，宝宝会敏感地察觉这种表情变化，明白自己做错了事而使父母不悦，多数宝宝会马上纠正。这时父母的表情效果，可能比狠狠批评他要好。

手势和动作

手势与动作可以表达出父母的意向。如当宝宝克服困难把插片拼摆出来时，父母可以跷起大拇指或拍手来表示对宝宝的祝贺和赞许；如果宝宝扶起摔倒的小朋友时，父母可以亲吻孩子，这比直接用语言夸奖更具有精神上的鼓励作用。又如宝宝从幼儿园回来后，妈妈可用手摸一摸宝宝的头、手表示对他的关心与爱护。

小贴士

与宝宝交谈的技巧

（1）让宝宝知道父母理解他，使他对自己有信心，从而更愿意与父母交流。如宝宝说：“妈妈，我不敢去厕所。”如果妈妈呵斥道：“真没用！这有什么好怕的！”宝宝将会觉得自己什么都做不好。如果妈妈说：“我知道你害怕，我来帮你把灯和门打开，这样你就不会怕了。”这样宝宝会感受到妈妈的爱和理解，慢慢消除自己的恐惧感。

（2）父母要与宝宝多交流，鼓励他发表意见和表达感情。让宝宝知道父母有兴趣听他说的话，重视他的意见。父母不妨多用这类话鼓励宝宝：“哦，是这样的吗？”“噢，还有什么？”“真有意思！”等等。

（3）父母不要单方面对宝宝讲话，而应鼓励宝宝和父母交流。培养宝宝主动表达自己的思想和情感的能力，不只是被动听父母的说教，这对发展宝宝的语言、思维很有利。

目光

可通过目光对宝宝进行暗示教育。不同的目光表示不同的含义。如发现宝宝的不良行为时，立即投以不满的目光，宝宝会接受父母的暗示，停止当前行为。对2~3岁宝宝来说，当他表现出良好行为，父母在投以肯定、赞许目光的同时，应该配以微笑的表情，或点头的动作，帮助宝宝明确父母肯定的意向。对宝宝进行目光教育需要训练与培养，父母平时对宝宝说话时，应该面对宝宝，让宝宝通过耳听、目视理解谈话内容，明确不同目光的意义。

宝宝心智发育异常的危险信号

儿童发展的研究已确认，智能不足的宝宝，年龄愈小，可塑性愈强，接受教育及训练的成效也越显著。婴幼儿心智异常的发生率大约为3%，而且85%以上都处在边缘状态及轻度中。如果及时发现宝宝心智功能异常，给以康复治疗和干预，会使很多宝宝有可能赶上正常孩子的发育水平。

易患因素

（1）家庭中有染色体和基因异常的成员。目前已发现的遗传病有300多种，最常见的染色体病是三体综合征，就是常说的先天愚型。基因病有3000多种，此类遗传病按亲子关系在家庭中垂直传递，分单基因病和多基因病，后者除了遗传因素影响外，环境因素对它影响也非常大，如身高、体重。这类病常伴有智力缺陷。

（2）妈妈在孕期，尤其是头3个月受到风疹病毒、巨细胞病毒、疱疹病毒的感染。

（3）妈妈在孕期服用过对胎儿发育有影响的药物，在空气受到严重污染的地区生活，常常接触电离辐射及患有糖尿病和甲状腺机能低下。

（4）分娩时造成产伤，颅内出血和窒息。

（5）宝宝患上流行性脑膜炎、中毒性脑病、癫痫等。

（6）妈妈在怀孕时受到严重的精神刺激，或者是一直情绪不良。后天因素也可造成患病，如父母不合、离异或常受欺侮、得不到爱等。

（7）宝宝的感觉发育被忽视、被剥夺，即处在一个单调而无刺激的环境中，错过了各种行为发展的关键时机。

危险信号

（1）1岁以内的宝宝迟迟不能达到生理年龄所应达到的感知觉及运动发育水平。正常宝宝心智发育水平应该是：一视二听三抬头，四握五抓六翻身，七坐八爬九扶站，十捏周岁独站稳。

（2）宝宝睡眠过多，看起来像个乖孩子，既不哭也不吵，非常安静，对周围环境无动于衷。

（3）宝宝很晚才会对人微笑，不注意别人说话，常伴有运动发育迟缓。

（4）眼部功能发育不良，因不注意周围物体，常被误为视觉有障碍。如果认为宝宝视觉有问题，同时也应注意智能发育如何。

（5）对声音刺激不敏感，常会被人们误解为听力有障碍。因此，对耳聋的患儿要加以留意。

（6）正常的宝宝在3个月左右经常喜欢注视自己的双手，并反复玩弄。如果这种动作在宝宝6个月以后还持续存在，可能为不正常情况。

（7）正常宝宝在6~12个月这一阶段，总喜欢把东西放在嘴里，但随着发育就不再放入。而心智异常的宝宝这种行为会持续存在到2岁以后。

（8）走路时，两脚互相碰撞，经常被摔倒，而正常宝宝在会走后不会再出现这种现象。

（9）很晚才学会嚼食物，因此难以喂养。往往因不能咀嚼固体食物而出现吞咽困难，并由此引发吃东西时经常呕吐。

（10）正常的宝宝1岁3个月至4个月就不再故意把东西往地上扔，而心智异常的宝宝这种行为会持续很长时间。

（11）到了1岁后还经常流口水，正常的宝宝1岁将会停止。

（12）在清醒状态下经常发生磨牙动作。

（13）对于刺激无反应，如需要反复持续刺激后才能引起啼哭，并且啼哭声音呈尖叫声，或呈直声，不像正常宝宝的哭声有音调变化。

（14）对周围环境的事情都无兴趣，做事情时往往注意力不能集中，反应迟钝。

（15）在婴儿期表现出睡眠过多，幼儿期有无目的的过多活动。

如果宝宝出现上述提到的某种情况时，父母不要心理压力过重，毕竟它只是一种信号而已，并不意味着智能一定有缺陷。宝宝正处在生长发育中，有可能还会发生变化。重要的是尽早带宝宝去进行详细的检测与观察。

秋天让宝宝饮食清爽

通常立秋后，空气因湿度越来越小，而开始逐渐干燥，特别是北方更为明显。人们经常感到全身燥热（但并不发烧），口唇发生裂口。宝宝因鼻腔黏膜血管丰富及脆弱往往出现流鼻血，并可因热邪的侵入而致感冒、气管炎等呼吸道感染。父母除了注意根据温度变化给宝宝增减衣服、做皮肤护理及多喝水外，更重要的是应多给宝宝在饮食方面加以调整，进食一些能够润燥生津、清热解毒及助消化的食物。这样，就可由内及外驱除燥邪，从而使宝宝身体变得舒爽而又轻松。

润肺生津

1. 秋梨汤

把新鲜大鸭梨带皮洗净后，切成小碎块，然后再水煎煮成梨汤，每天给宝宝喝几次，有止咳化痰的作用。

2. 菊花饮料

先把白菊10克放入茶杯中，并可加少量白糖，然后用沸腾的开水冲泡3～5分钟，放温后即可频频给宝宝饮用，具有养阴生津的作用。

3. 芝麻木耳汤

把10克左右的黑芝麻炒熟，与用温水泡发好的木耳一起放在锅里，加水煎

煮，煎煮好可加一点白糖，分几次食用。芝麻具有良好的润燥作用，特别适用于大便干燥的宝宝。

4. 胡萝卜粥

把胡萝卜洗净后切成小碎块放入锅里，加上粳米和水慢火熬煮。经常让宝宝吃可防止皮肤黏膜、眼睛干燥。

防治鼻衄

1. 银耳羹

把200克银耳用温水泡发24小时，洗净后放入锅里，加水熬成琼脂状，然后放进100克冰糖，待冰糖溶化后就可给宝宝吃。经常食用，可化痰宁血。

2. 石榴汁

选两个鲜石榴，洗净之后切成小碎块，然后捣烂，用清洁纱布绞出汁，直接给宝宝喝，每天2~3次，可收敛血管、生津止渴。

3. 荸荠汁

选200克鲜荸荠，洗净之后去皮捣烂，然后去渣取汁，每天给宝宝饮用2~3次，可凉血止血。

去燥水果

1. 柑橘

柑橘味道酸甜可口，又有很多汁，备受宝宝喜欢。据测定，其中所含的维生素C比苹果、梨高出好几倍，还含有大量能增进食欲的柠檬酸、苹果酸，具有润肺止咳、健脾开胃的作用，对急、慢性支气管炎均有良好辅助功效。

食用注意事项：

（1）每天给宝宝吃100~150克即可。

（2）最好不要空腹吃。

（3）当宝宝皮肤出现发黄情况时请勿着急，这是因为体内胡萝卜素增多引起，停吃几天就能消退下去。

2. 柿子

柿子颜色艳丽，味道甜美，很受宝宝喜爱。其中含有大量维生素C（含量比柑橘还高），丰富的钙、磷、镁及多种胶质物，具有清热、润肺、生津、滑肠的作用，可在宝宝肺热咳嗽、大便干燥时食用。

食用注意事项：

应该在饭后给宝宝吃，因为柿子里含有大量柿胶酚、单宁和胶质，如果饭前空腹吃，它们遇到胃酸就会凝结成硬块。形成的较大硬块不能随便排出而形成胃结石，引起宝宝消化不良、呕吐、胃胀痛。

3. 莱阳梨

莱阳梨含有多种维生素、苹果酸及微量元素，具有助消化、清肺热、止咳化痰的作用。秋燥时多吃可防治感冒、咳嗽。食用注意事项：因梨性属寒，若是宝宝便稀则要少吃，或煮熟后再吃。

小贴士

豆浆可作为宝宝的调剂饮食

豆浆含丰富的蛋白质、脂肪和铁质，与牛奶相比，豆浆有如下优点：

（1）豆浆所含的铁质超过牛奶的4倍以上，经常以牛奶为主要食物的宝宝，如果不及时补充其他合适的食物，有可能患缺铁性贫血。豆浆因含铁质较多，对于贫血的抵抗力比牛奶强。

（2）牛奶进入胃里以后，结成大而硬的块状，而豆浆在胃里形成小的薄片，且松而不坚硬，所以豆浆比牛奶容易消化。

（3）有些宝宝对牛奶敏感，常在饮用牛奶后出现腹痛、腹泻等症状，也有的出现鼻炎、哮喘等呼吸道症状或荨麻疹，而豆浆不会引起上述现象。

豆浆可作为1岁以后宝宝的调剂饮食，制作时在豆浆中加入糖、米粉、钙等，冲成加料豆浆煮开后给宝宝食用。

宝宝壮骨五要素

钙

缺钙的宝宝很多，妈妈们直抱怨："让钙担负宝宝壮骨大任是不是太吃力了？"其实，身体内与宝宝骨骼发育关系密切的不止钙元素，同时还有"镁、锰、锌、铜"四元素，人们称它们为"壮骨五兄弟"。其中以钙元素最为重要，居于"老大哥"地位，钙已被人们熟悉并广泛使用。

锌

动物试验与临床观察证实，锌元素能够促进骨细胞的增殖及活性，并加速新骨细胞的钙化。宝宝如果缺锌，不仅会有智能、心理发育障碍，骨骼发育也慢，表现为骨细胞成熟迟、密度低，由此影响坐、爬、站、走等动作的发育。身材矮小、易遭受多种骨病的侵袭。科学家已在缺锌的动物和人体中，观察到骨细胞分裂慢、钙化异常、骨质疏松等病理改变，但若是补足锌，骨骼的生长与代谢即逐渐恢复正常。

其实，宝宝对锌元素的需求量并不大，大约每天每千克体重0.3~0.6毫克，但不可缺。猪、牛、羊等畜肉每克中含锌20～60微克，鱼与其他海产品中也都有15微克以上。牛奶及乳制品中则较少，每克中只有锌3～5微克。以奶类为主食的婴幼儿，应注意添加含锌量较多的辅食，如各种肉食等。

铜

铜是人体的又一种必需矿物元素，缺乏铜不仅可引起贫血、心脏病、糖尿病甚至癌症，还可累及骨骼。

据观察，较长时间吃含铜量极少饲料的动物，常有骨骼发育异常现象，表现为骨皮质变薄，骨松质减少，骨骺增宽，导致广泛性骨质疏松，容易在外力作用下变形或折断。还可影响骨磷脂的合成，致使新骨生成受到抑制。

人体对铜的需要量与年龄有关，儿童每天约需1毫克，青春期及成人每天则在2毫克以上。坚果类、海产品、动物肝、小麦、干豆类、根茎蔬菜、鹅肉、牡蛎等含铜较多，可适当增加其在宝宝三餐中的比例。

锰

大多数人对锰元素都很陌生，它是软骨生成中不可缺少的辅助因子，如果缺乏则可引起一种叫作硫酸软骨素的物质合成障碍，从而妨碍软骨生长，造成软骨结构和成分的改变，最终导致骨骼畸形。它与缺钙造成的骨骼病变不尽相同。锰缺乏也可通过影响骨钙调节而引起新骨钙化不足，导致骨质疏松。

婴儿每天需锰0.5～1.5毫克，儿童为1.5～3毫克，青春期与成人为2.5～5毫克。动物性食品中含锰较少但吸收率高，植物性食品中含锰较多但吸收率低。宝宝只要不偏食、挑食，即可摄取足量的锰元素。

镁

镁元素的生理作用已逐渐被人们所重视，镁对中风、冠心病、高血压以及癌症在内的多种疾病皆有预防功效。镁还是骨骼的重要成分，在骨骼的生长发育中起间接调控作用。如通过影响甲状旁腺激素的合成与分泌，对钙在骨骼内外的活动进行调节，影响骨组织代谢。缺镁最常见的表现为骨骼过早老化、骨质疏松、软组织钙化。

专家强调只补钙是不全面的，还必须从饮食中补充足量的镁元素。绿色蔬菜、水果、海藻、豆类、燕麦、玉米、坚果类含镁比较丰富，可适当选择。由于肾脏可以排出过量的镁，即使多吃一点儿也不会蓄积中毒，十分安全。

淡茶是宝宝的上选饮料

过多的糖和蛋白质，会使人体血液形成一个偏酸性的异常情况。在宝宝身上则表现为烦躁多动、厌食口干、夜寝盗汗、便秘或排便干硬等症状。

如果想要纠正并治疗宝宝的这类常见病，除了鼓励他多食富含纤维素的新鲜蔬菜外，茶叶也是治疗这类病的良药。

中医认为茶叶味苦、性微寒、呈弱碱性，有消食去腻、解痰、除烦解渴的功用。如果经常饮用可以纠正宝宝血液偏酸性的现象，从而消除上述症状。茶叶中含有较多的维生素C和少量胡萝卜素及一些人体必需的微量元素，自然也对宝宝生长发育非常有益。宝宝不宜喝浓茶，茶叶中的鞣质与蛋白质结合成不易消化的物质，对营养的吸收有一定影响，平时人们服用人参等补品，不宜同时饮浓茶就是这个道理。宝宝只宜饮淡茶，用质量较好的绿茶1~1.5克，开水冲泡两杯茶（约400毫升），即成适宜宝宝饮用的淡茶。

男孩子的生殖系统异常时怎么办

倘若宝宝生殖系统方面有疾患，则将会对他一生的生活质量有非常大的影响。宝宝出生后，父母必须从以下几方面多加关注：

睾丸是否已降入阴囊

睾丸是产生精子和雄性激素的唯一器官，它决定着宝宝长大成人后是否具备正常的性功能和生育能力。通常，宝宝还在妈妈肚子里时，其睾丸位于胎儿的腹腔中。随着孕期增长，睾丸逐渐下降，在妈妈怀孕9个月时可降入阴囊内。

在宝宝呱呱坠地后，大多数都能在阴囊内触摸到两个状如花生米大小的东西，这就是睾丸。只有少数（约占30%）宝宝阴囊是空空如也，但也会在生后的几个月内摸到。倘若宝宝生后3个月阴囊仍是空的，则应及时请医生诊断。

千万不能小看隐睾症，它不仅影响精子生成，导致成年后丧失生育能力，而且还可能发生癌变甚至危及生命。父母应该及早发现并及时给予手术治疗。何时手术为佳呢？研究发现，隐睾症病儿的睾丸从2岁起就有明显病理改变，5岁后加重。所以，手术治疗应该在睾丸发生病变之前进行，即2~3岁以内，切莫过晚。

包皮需要切除吗

包皮过长是指包皮遮盖了阴茎头，但能上翻露出阴茎头。若是包皮口狭小，或是包皮与阴茎头粘连而不能使包皮上翻并显露阴茎头者，则称为包茎。新生儿几乎都有包茎，童年期也都有包皮过长，但大多到3～4岁，阴茎头与包皮之间的粘连就可自行消失，包皮可以上翻露出阴茎头。阴茎头也会逐渐露出，到了青春期便可全部外露。

这是包皮的正常发育过程。新生儿包茎和童年时包皮过长都是生理现象，无须大惊小怪，也无须治疗。但父母要经常给宝宝进行清洗，因为此处极易“藏污纳垢”，不仅易于细菌繁殖而诱发炎症，还可因受包皮垢的刺激而导致癌变。清洗时动作要轻柔，小心地翻开包皮，不能用含药物成分的液体或皂类，以免引起外伤、刺激和过敏反应。清洗后用柔软的毛巾轻轻擦干，再将包皮翻回去。

如果宝宝先天性包茎，父母略施小小手法大多能慢慢消失，如平时试着将宝宝包皮反复向上翻，以此可扩大包皮口。倘若不能解除粘连并反复发生感染，则应考虑手术治疗。至于手术时间，如果包茎无症状可在2岁以后，症状严重者则应该及早手术，不要考虑年龄。

阴囊里有包块吗

若是触摸宝宝阴囊时发现有包块（睾丸除外），会有两种可能：一种是疝气。疝气是腹内的小肠或其他组织通过未闭锁的腹股沟管进入阴囊所致，肉眼即可见到有阴囊肿大，可通过简单手术矫治。另一种是睾丸或附睾有结核，也须及时就医。

宝宝数学能力培养

给瓶子分大小

目的：培养宝宝大小的概念，使宝宝能在大小不一的瓶子里找相对大小的两个瓶子。

内容：

（1）妈妈要准备一些大大小小的瓶子。

（2）妈妈告诉宝宝："今天我们来玩瓶子找兄弟，大瓶子是哥哥，小瓶子是弟弟，一个大瓶子找一个小瓶子，就是哥哥找弟弟。"妈妈边说边挑出一个大的瓶子和一个小的瓶子配成对。同时说："大的、小的。"一直到瓶子都配成对，然后让宝宝玩。妈妈开始先把比较大的瓶子排一行，对宝宝说："这都是哥哥，它们需要找弟弟，宝宝快来帮帮忙。"然后让宝宝给每个瓶子都配上一个小瓶子，并且边放边说："大的哥哥，小的弟弟。"宝宝配完后，把瓶子互相打乱，再让宝宝为瓶子哥哥找瓶子弟弟，每次从瓶中挑一大一小两个，边做边说："大的哥哥，小的弟弟。"一直到瓶子都配成对。

提示：

（1）给瓶子配对应从易到难，妈妈先示范，给出大瓶子，让宝宝找相对的小瓶子，再让宝宝在众多的瓶子中为瓶子哥哥找瓶子弟弟。

（2）宝宝配对了一对瓶子时，妈妈要问："哪个大？哪个小？"

（3）开始供给瓶子要大小差别明显，数量少一些。待宝宝玩熟了，可以增加瓶子数量，缩小大小差别，以增加难度。

（4）宝宝配对成功后，妈妈要表扬："真好，找对了。"

配对子

目的：训练宝宝能够分辨图形，并能比较大小或一样大，学会使用目测的方法分辨大小。

内容：

（1）妈妈准备一张画；用硬纸做4个圆（两个一样大，两个一样小），4个三角形（两个一样大，两个一样小），4个方形（同上面的做法一样）。

（2）让宝宝观察图。妈妈问："为什么这两个圆放在一起？这两个三角形放在一起？""因为它们一样大。"妈妈告诉宝宝。然后拿来图形对宝宝说："像图上一样，我们把每种图形都一样大的两个配成一对。"让宝宝先目测图形，把大小差不多的两个挑出来，再把它们重叠对齐，看是不是一样大，一样大的配成一对，用这种方法让宝宝把所有图形都配成对。妈妈让宝宝点数：圆的有几

对？方的有几对？三角形的有几对？

提示：

（1）配对时，引导宝宝先给同种图形配对，熟练后打乱图形，让宝宝再给予配对。

（2）开始时图形的大小差别要明显一些，宝宝玩熟了，就缩小差别。

踩圆圈

目的：训练宝宝辨认圆形、方形、三角形。

内容：妈妈在地上画出圆形、方形、三角形的图，妈妈站在圈外，爸爸发出命令，如“踩踩方形走出来”，妈妈就走进去，“踩踩三角形走出来”，妈妈就照着做，反复几次出出进进。然后妈妈再领着宝宝照爸爸的命令做，让宝宝感到乐趣后，就让宝宝一人做。

提示：

（1）宝宝熟练后，父母可以加上颜色，如红色的三角形、黄色的圆形。同种颜色的图形有多个，宝宝只要从其中一个走进走出都算正确。

（2）父母可以增加难度，如“踩踩三角形，再踩踩圆形走出来”。

数一数

目的：

（1）培养宝宝学会手口一致地点数。

（2）教宝宝学会数1、2、3、4、5。

内容：

（1）妈妈准备五张相同的黄色鸭子的图片。

（2）妈妈说：“池塘里有一只鸭子在游泳。”边说边拿出一张图片，并指着图片说：“一只鸭子。”又说：“又游来一只。”同时拿出另一张。“一只鸭子再加上一只鸭子是两只鸭子。”然后让宝宝指着图片数1、2，再拿出一张说：“又游来一只，两只鸭子再加一只鸭子是3只鸭子。”让宝宝点数鸭子，以此类推，逐步教宝宝学会1、2、3、4、5的构成。

提示：

（1）鸭子的大小、形状、颜色应该一致，这样宝宝容易理解。

（2）妈妈要一个图片一个图片拿出，让宝宝知道组合过程。

贴蜜蜂

目的：训练宝宝练习数数，学习数的构成。

内容：

（1）妈妈画一张美丽的花园图，用彩纸剪5只蜜蜂。

（2）妈妈把图放在宝宝面前说：“花园里有许多好看的花，一只蜜蜂在辛勤地采蜜。”然后在图上贴一只蜜蜂，贴完后让宝宝数有几只蜜蜂。妈妈又说：“又飞来一只蜜蜂，现在花园里有几只蜜蜂？”让宝宝点数。“一只蜜蜂加上飞来的一只蜜蜂是两只蜜蜂”。以此类推，贴一只数一只，贴完后问：“现在一共有几只蜜蜂？”让宝宝点数回答。

数数看

目的：训练宝宝学习点数，为学数学打基础。

内容：妈妈把一些不同类别的玩具帮助宝宝分类放好，最好每类有3～5个。妈妈当顾客，宝宝当服务员，让宝宝根据妈妈提出的数量拿玩具，如“3朵小红花”，让宝宝一朵一朵地拿出，边取边说：“一朵，又一朵，又一朵，一共是3朵。”也可以说：“我只要2朵，你应该拿回几朵？”让宝宝数花朵。数到2时把这两朵给妈妈，再数剩下的一朵，告诉妈妈“1朵”。家长多提供几种玩具，让宝宝反复练习点数。

黄颜色

目的：培养宝宝对黄色的认识。

内容：妈妈指着宝宝黄色的衣服对宝宝说：“这是黄色的。”再指着香蕉：

“香蕉是黄色的。”在家中也可有意识地布置一些有黄色的物品，如挂上黄色的窗帘，换上黄色的床罩等，然后让宝宝找出有什么东西和自己身上穿的黄衣服颜色一样，让宝宝比一比。妈妈可以把宝宝带到户外让宝宝找黄色的东西，如黄色的旗、黄色的花、黄色的蝴蝶等。

妈妈在让宝宝找黄颜色的东西时，要让宝宝说出：“黄色的窗帘，黄色的门……”这个游戏可在宝宝初步知道黄色的基础上玩。

背数和点数

目的：培养宝宝学会点数。

内容：吃饭时，妈妈让宝宝摆碗筷。先摆碗，每人一个碗，并且边摆边说“一个、一个”，再让宝宝摆筷子。吃完饭，让宝宝分水果，每人一个，分完后，再让宝宝点数。让宝宝通过分食物认识数。

提示：

（1）平时，家中的其他物品也是宝宝点数的内容：数有几把椅子，几张桌子……并且是边指物品边说数。

（2）宝宝的玩具也是点数的目标，如数娃娃，数动物，数有几个盒子、几个小球等，使宝宝在玩耍时学习点数。

（3）宝宝必须先学会背数字。

藏起来

目的：训练宝宝认识空间方位。

内容：父母和宝宝捉迷藏，妈妈先藏，宝宝找，爸爸可以在一旁指导。妈妈藏在门后，让宝宝找，爸爸向宝宝说：“妈妈藏在门后面。”宝宝找到后，妈妈再藏，宝宝再找。然后让宝宝藏，妈妈找。宝宝藏好后要说：“我藏在桌子底下。”“我藏在床下。”……多次反复后可改变玩法，让宝宝把一样物品藏起来，妈妈故意找不到，请宝宝说出藏在什么地方。如：“我藏在桌子上。”“我藏在床下。”“我藏在柜子里。”“我藏到房子外。”……让宝宝正确使用方位词“上”“下”“里”“外”“前”“后”等。

宝宝身心发育家庭测试备忘录

参考标准

（1）能信心十足地跳跃，不会跌倒，能更准确地模仿出基本的形状。

（2）语言技能和句子结构变复杂了，能对比不同型号的东西。

（3）处于辨色的早期阶段。

（4）能自己穿、脱衣服，能正确地握儿童剪刀，能自己上楼梯。

父母测试法

（1）让宝宝模仿双脚并拢，从第2阶楼梯跳到上面一阶。

（2）让宝宝学画图，画出的东西应该能看出是圆形。

（3）宝宝也许是第一次在对话中使用形容词——2~3个描述性的字眼。

（4）把盛果汁的小杯和大杯放在宝宝面前，宝宝能准确地指出“大杯子”。

（5）还不能说出原色，但可以把相同的颜色特别是红色、黄色配对。

（6）要求宝宝自己脱衣服。

（7）能自己解扣子，但不能真正系好。能用把柄形状合适的儿童剪刀剪碎纸片。

（8）宝宝上楼时让他先把一只脚放在一阶楼梯上，再把另一只脚放在另一阶楼梯上，下楼梯则仍然是在迈向下一阶之前把脚放在同一台阶上。

父母帮助法

（1）给宝宝定规矩。屈服于宝宝的要求比面对其盛怒容易得多，但为了让宝宝认识到生活是有结构的，是统一的，必须坚持定好的规矩。

（2）帮助宝宝应付挫折。宝宝执意完成接受的任务，倘若完不成就产生挫折感。此时，父母应该安慰宝宝，并鼓励他别泄气，让他接着干。

（3）多提供涂鸦的机会。宝宝很愿意用蜡笔在白纸上涂抹，这对手眼协调发展非常有利，那些画看起来不过是一团不规则的东西，但宝宝却常常引以为自豪。

（4）鼓励宝宝与别的小朋友一起玩。单独游戏逐渐减少，他似乎更愿意玩配对游戏，甚至是最初的合作游戏——邀请别的小朋友参与游戏。

（5）说明要求的理由。如果父母能解释清楚，宝宝就会明白。比如告诉宝宝："如果你打别的小朋友，那他就不跟你玩了。"这比说"别打人"更有效。

（6）听宝宝说。宝宝的语言结构复杂了，能更准确地交流感情和想法，所以当宝宝说话时，父母要稍微用点心，严肃对待。

宝宝心理发展应有的能力

参考标准

（1）喜欢运动量大的户外活动，且应付自如。

（2）会熟练使用剪刀并用铅笔画比较准确的成人图像。

（3）开始有幽默感，不论在家里还是在幼儿园，与同伴一起玩的时间增多了。

（4）开始出现了最初的计数行为。

（5）更清楚地知道自己的生活细节，并能向熟悉的成人讲述。能发现事物间的差异。

（6）辨色能力增强。能正确理解语言，并能清楚地表达思想和感情。

（7）宝宝能说对2~3种颜色。

（8）平衡和协调能力增强，对参与周围的活动较感兴趣，眼手协调动作发展已较好。

父母测试及帮助方法

（1）多给宝宝创造玩攀登架、平衡木、蹦床、秋千及其他户外器械的机会。

（2）给宝宝一把剪刀、一叠纸，让宝宝学会按要求将一张纸剪成大小一样的两片。

（3）让宝宝画爸爸或妈妈，画像应该有人的模样，如有眼睛、头发、手和嘴等部位。

（4）宝宝更爱笑了，往往为一些很简单的事发笑，如为一个单词的发音而发笑，其实并不理解它的意思。

（5）在大家一起做游戏时，学会了等待，并且乐意让同伴玩自己的玩具。

（6）在宝宝面前摆4个一样的物品，让他数数，边指边数，宝宝现在可能会准确计数了。

（7）让宝宝说出自己的名字和住址，只要给宝宝足够的时间，宝宝能很快学会的。

（8）取两个玻璃杯，一个大而细，一个小而粗，宝宝能正确区分大和小，粗和细。

（9）仔细听宝宝说话，父母会发现他的词汇量增多了，而且会用副词和代词。

（10）让宝宝做各种体力活动，如单脚跳，或让宝宝自己沿着直线笔直往前走。

（11）让宝宝在家或幼儿园帮着干活，如喝果汁时帮助分杯子，或者放一碟饼干到桌子上去。

（12）将一个很小的东西（如一根针或线）放在宝宝面前，宝宝能毫不费劲地再捡起来。

吃水果多多益善吗

水果以鲜亮的色泽、酸甜适口的味道以及惹人喜爱的外观受到宝宝们的特别喜爱。许多宝宝这个不爱吃，那个挑挑拣拣，唯有吃水果时不让妈妈操心；加之水果含有丰富的营养，具有很好的保健作用，因此妈妈觉得，只要宝宝爱吃，吃得越多越好。但结果并非妈妈所愿，很多时候却引出一些麻烦。

（1）几乎所有的水果都因含有果糖而有好吃的甜味，但是果糖若是摄入过多，可能引起宝宝缺铜，宝宝骨骼发育因此受到影响，也是造成身材矮小的一个原因。

（2）柿子皮薄味甘，通常也是宝宝最喜爱吃的水果，但若经常在饭前大量吃，就会使柿子里的柿胶酚、单宁和胶质在胃内遇酸后形成不能溶解的硬块儿。硬块儿小时可随便排出，而较大的硬块儿就不能排出了，停在胃里形成胃结石，表现出胃胀痛不适，呕吐及消化不良，还可能导致有胃炎或胃溃疡的宝宝发生胃穿孔、胃出血等。

（3）香蕉中含有多种人体必需的元素，但若在短时间内吃得太多，就会引起身体内钾、钠、钙、镁等元素的比例失调，不仅使新陈代谢受到影响，还会引起恶心、呕吐、腹泻等胃肠紊乱症状及情绪波动。

（4）柑橘吃得过多会引起胡萝卜血症；宝宝腹泻时不宜吃梨，皮肤生痈疮时不宜吃桃，否则都会使病情加重。

什么样的宠物适合宝宝

从有益于宝宝们的成长这个角度来看，适用于成年人的宠物都是适合宝宝的，包括“常规”的宠物狗、猫以及观赏鸟、观赏龟、观赏鱼，啮齿类宠物如兔子，家禽类宠物如鸡、鸭、鹅等等。但因宝宝的年龄、性格等方面的限制，父母在给宝宝选宠物之前，应该考虑清楚。

在所有的宠物当中，狗和猫有着得天独厚的优势：它们聪明（特别是狗），与其他宠物相比，它们更擅长与小主人交流；狗有温软的小身子，可以抱在怀里。但并非所有的宝宝都适合养小狗、小猫。一般而言，7岁以下的宝宝，特别是淘气的男孩就不适合养小狗、小猫，因为对宝宝来说它们不易控制。很多宝宝非常爱小宠物，但却爱的不得法。他们喜欢按自己的意愿去跟小宠物玩耍，或是强行把小宠物抱在怀里或塞进被窝，在小宠物不乐意的情况下，就会有“状况”发生：它们挣扎、反抗，并在这个过程中弄伤小主人。

尽管父母会对宝宝讲明不要强迫宠物去做什么，但宝宝们还是经常以自我为中心，而且一些小宠物也经不起孩子们使劲揉搓那种“爱”法。倘若想给宝宝养猫和狗的话，可以等到他们上了小学以后再说。

鸡、鸭、鹅等家禽也不错。尽管与猫、狗相比它们容易控制一些，但有些厉害的家禽还是有点喜欢欺负小宝宝，所以，还是等宝宝再大一点儿，起码上了小学以后再给他们买家禽养吧。这些动物有个缺点，不仅吃得多、长得快，而且卫生习惯也不是很好。

这并非说小宝宝就没有宠物可以饲养了，选择的余地还是很大的。

乌龟就是一种很有灵性的动物，不需要太大的空间，吃的东西也少，适合于任何年龄段的宝宝。从培养宝宝观察力的角度来说，乌龟属于“慢性子”，观察它的行动就需要更多的耐心，也需要更敏锐的眼睛。在鱼市上几乎都可以买到小乌龟，很方便。只要家里有点地方，养一只、两只还是三只、五只都不成问题。

鱼也是美丽的动物，可分为海水鱼和淡水鱼，它们需要的是一个水族箱，也吃不了多少东西。不过养鱼需要相当的技巧，在决定给宝宝在家“克隆”水族馆之前，父母最好能和孩子一起先买本参考书学习学习，心里有了谱再动手。水族箱的大小视家庭的居住条件而定，可大可小。

鱼的色彩和生活习惯是宝宝们最早的海洋教材，值得一试。鱼美丽但不能触摸，鸟儿就可以。常见的牡丹鹦鹉、虎皮鹦鹉这些可爱的小鸟非常适合宝宝，无论男孩还是女孩，一两岁还是七八岁。适宜的办法是一只笼子里养一对，这样宝宝就有机会看到鸟蛋是什么样的，鸟妈妈是怎么孵小鸟的，小鸟刚出生是什么样子，父母还可以告诉宝宝什么叫胎生、什么叫卵生，有什么区别。宝宝可以隔着笼子，伸出小手去触摸鸟儿艳丽的羽毛，但要注意的是，牡丹鹦鹉爱叫唤，必须考虑是不是受得了。

还有一种动物被证明对第一次养宠物的宝宝来说是最合适的，它喂起来很容易，还是哺乳动物，只要给幼仔喂奶就行，这就是可爱的兔子。兔子比较容易得到。以前人们认为兔子只吃草，后来有人发现兔子还喜欢吃馒头、豆沙馅。兔子性格温和，不会伤害到宝宝，尤其适合小女孩。

饲养宠物的经验是宝宝们成长过程中的一笔宝贵财富，只要父母负起责任，保证安全和卫生，孩子们肯定会受益匪浅的。

艾滋病与儿童

通常儿童患艾滋病有以下途径:

(1) 母婴传播对儿童影响最大。若是父母双方或一方感染艾滋病病毒，那么都可使无辜的婴儿受害。受感染的婴儿存活时间不会超过2~3年。艾滋病病毒感染的妇女所生婴儿的艾滋病病毒感染率约占1/3。

感染艾滋病病毒的母亲在怀孕后，血液中的艾滋病病毒能够通过胎盘直接到达婴儿体内，从而使婴儿感染艾滋病病毒。

怀孕的母亲在分娩过程中，当婴儿经过母亲产道时，则可以受到母亲携带的艾滋病病毒的感染。

感染艾滋病病毒的母亲乳汁中会含有艾滋病病毒，如果婴儿吸吮乳汁，可感染艾滋病。

（2）血液传播是对儿童造成危害的另一条途径。如果输入含有艾滋病病毒的血液或者血制品可以感染艾滋病病毒。

不要自行使用血液制品，更不要从境外私自带回血液制品。需要输血或血液制品时，必须要用经国家批准的血站提供的血液。

（3）注射器和针头不消毒或消毒不彻底也可以传染艾滋病病毒，儿童预防注射及打针、输液所用的注射器、针头和输液器应为一次性使用，或者严格遵守一人一针、一管和一用一消毒的规定。

第三章 2岁12月

◎ 消除宝宝的依赖心理

◎ 帮助宝宝树立自信心

◎ 怎样培养宝宝的自制力

◎ 同宝宝说话的技巧

◎ 宝宝创造力的家庭训练

◎ 如何面对宝宝的“入园综合征”

消除宝宝的依赖心理

尽管2~3岁宝宝的自理能力十分有限，但父母应开始有意地培养宝宝的独立意识，减弱并逐渐消除宝宝的依赖心理。具体可从以下几方面入手：

（1）父母应承认宝宝的独立人格。平时多和宝宝平等地交谈，让宝宝充分表达自己的思想和感受；放手让宝宝去做他喜欢的且不违反原则的事，使他充分展现自己的能力。在这些活动过程中，让宝宝逐渐意识到，他是一个有独立思想和独立能力的人，不是事事必须依赖父母的“小可怜”。

（2）倘若希望宝宝具有独立意识，父母首先要以身作则，宝宝会耳濡目染地受到良好的熏陶。有些年轻的父母，如果发生了经济问题，就伸手找父母要；夫妻吵架，就赌气回家“搬兵”，更不用说星期日两手空空地带宝宝去父母家又吃又拿。这一切都不利于对宝宝独立意识的培养。

（3）父母不要对宝宝说“都是妈妈（爸爸）不好”这类话。当父母没给宝宝买他喜欢的东西，忘记给宝宝准备在托儿所用的手绢，下班回来后接宝宝迟到时，多半会说上述话，把责任揽向自己，低声下气地向宝宝“道歉”。父母可能以为这样做会使亲子间关系融洽，其实不然。这容易形成亲子间既依赖又对立的关系。宝宝年龄小不懂道理，父母为讨好宝宝，把自己降低到宝宝的水平，会使宝宝从心里不尊重父母，认为一切都是“父母的错”，从而形成事事依赖父母、事事反抗父母的不正常亲子关系。

（4）宝宝如果说“我累了，走不动了”，就让他休息一下。宝宝刚会走路，一喊累，父母大多会立刻表示同情，心疼地抱起宝宝。这样下去，孩子自然会产生依赖心理。正确的做法是让孩子稍事休息，待体力恢复后，继续自己走。这样做才不致使宝宝一遇困难就退缩到父母的羽翼下寻求庇护。

（5）父母不要问宝宝：“痛不痛？”而该说：“不痛吧？”宝宝在路上不小心跌倒后，有的家长往往会赶紧扶起孩子，然后心疼地问：“是不是很痛？”如果看到孩子无精打采，就会紧张地问：“是不是头痛？”这种问法会使宝宝不假思

索地回答："好痛。"

暂且不讨论宝宝跌倒是否会痛的问题。父母问孩子："会痛吗？"无疑是诱导宝宝回答："痛。"即使只是有点儿痛，想忍耐的宝宝听到父母这样一问，也会眼泪汪汪地说痛。父母会说出诱使孩子产生依赖心理的话，反映出父母的一种心态，即一方面想严格管教宝宝，另一方面又希望宝宝撒娇或依赖父母。

父母应该用"不痛吧"的问法取代"痛吗"，宝宝自然会回答："不痛！"如此则有助于培养孩子的独立意识。

培养宝宝的独立意识

父母很容易忽视对宝宝独立意识的培养，表现为包办代替、过多保护和干涉宝宝。用这种教育方法培养大的宝宝，依赖性强，没有父母的指导、帮助，就不知道该做什么和如何去做。

为培养孩子的独立意识，父母要做的是放手让宝宝自己去尝试。在力所能及的范围内，让宝宝自己的事自己做，自己做事的后果自己负责。宝宝由爬行到站立，由站立到学步，由学步到跳跃，无不经过自己的努力。伴随年龄的增长，宝宝在独立的游戏、冒险，甚至打架和恶作剧中，通过反复尝试错误，不断走向成熟。如果宝宝完成某种行为而被肯定时，则会体验到“我能干”“我会干”的成功感，当然也会在失败时体验到挫折感。这些对宝宝独立意识的发展是不可缺少的。

为培养宝宝的独立意识，在没有危险的空间内，父母应放手让其自由行动。放手并非放任不管，而是要求父母一方面关注宝宝，一方面避免过多地插手或插嘴。只有让宝宝独自充分体验生活，才能培养起他的独立意识。

对宝宝过分保护的父母，几乎无一例外地会过分干涉。过分保护会使宝宝本应有或本应发展的能力得不到适时开发，当宝宝进入托儿所、幼儿园后，父母就会发现自己的宝宝比别人的孩子能力较差（如别的孩子会自己如厕，自己孩子却不会等）。为改变这种落后于人的现状，父母的态度又迅速转向过分干涉。在干涉过程中，当发现宝宝并不像父母期望的那样，能很快地学会自己的事情自己做时，便感情冲动，言行过激、唠唠叨叨，从而使宝宝心理发展受到损害。

父母过分干涉，宝宝常常会成为没人指点便什么也不会干的人。如想小便时，不会自己到卫生间或是放痰盂的地方，而是大叫：“妈妈，我要尿”只有妈妈一声令下：“上厕所去！”才会飞快跑去。面对玩具，没有妈妈的指点，便不知所措地呆坐，等等。

帮助宝宝树立自信心

（1）当宝宝做得好时，父母应该及时称赞他，能使宝宝获得自信。这不但可以巩固宝宝学习的新知识、新技能，同时可以帮助他面对成长过程中的困难。宝宝在行为习惯上有良好表现时，父母要给予充分肯定。比如，宝宝每晚上床

前记得把鞋子摆整齐或能把玩过的玩具放回原处，都是应当称赞的。

（2）设置能确保宝宝成功的情境。根据宝宝的年龄设置一些他能解决的困难，让宝宝有成功的体验，培养自信。

（3）每天至少用5分钟时间听宝宝说话。父母的眼睛要注视着宝宝，专心地听。有些对话可以这样开始："告诉我，这是怎么回事？"

（4）让宝宝知道父母也会有错。当父母犯了错误时，要让宝宝知道父母错了，他是对的。许多父母害怕承认错误，以为这样会暴露自己的弱点。其实，让宝宝知道自己是对的，父母也有错，更能使宝宝树立自信心。这也加强了"我们都会有错"的观念，让宝宝知道有错误是不足为奇的，关键是要改正。

（5）宝宝也有不高兴的时候，父母要体谅他的心情。如果宝宝因疲劳而脾气暴躁，就不要以为宝宝是针对父母来的，于是也来个针锋相对，使宝宝今后没有勇气把自己的忧虑、沮丧、失意表现出来。

（6）对宝宝应以行动表示爱心。如拥抱、亲吻、轻拍肩膀，让宝宝坐在腿上，使他感受父母的安慰和支持，有利于增强宝宝的自信。

宝宝的数学教育

宝宝的数学教育一般可以从以下几个方面进行：

观察

观察是一种有目的、有计划、较持久的感知活动。2岁后，随着宝宝注意力、记忆力、思维和语言的逐步发展，宝宝观察的范围扩大了（能同时观察到事物两种以上的特性或两种以上的物体）；注意力集中的时间也加长了，但观察的目的性仍较差，容易被无关的事物吸引。所以，家长应在引导宝宝观察事物的基础上，提高宝宝观察的目的性和准确性。观察能力是后期比较、排序、配对、分类的基础。在平时，父母可以随时随地地问宝宝：“这是什么？”“这是什么颜色的？”“这是什么形状的？”来引导宝宝观察，或者可以利用简单的镶嵌板和拼图培养宝宝的观察能力。

比较

比较是思维的基本过程之一，是宝宝认知能力发展的具体体现。父母可以结合日常生活教宝宝学会比较。如：爸爸比妈妈高，宝宝比妈妈矮，西瓜比苹果大，3颗糖比1颗糖多等。宝宝的比较能力主要体现在对事物的外部特征的辨别和认识上，让宝宝把需要比较的两个事物放在一起真正地比一比，能够加深对比较概念的理解。或者，还可以让宝宝分辨冷和热、男和女等。

配对

配对是比较的形式之一，也是发展儿童对数的理解所应掌握的一个基本要求。最开始父母只给宝宝出示两对，例如，两只玩具小狗和两只玩具小猫，让宝宝学习配对。先拿出一只小狗，看一看，放在地上或桌子上；再拿出一只小猫，看一看，放在小狗的右边，摇摇头或说“不是”，把小猫移到小狗的下面；再拿出一只

小贴士

数学是思维的科学，数的运算需要理解数的逻辑关系，依靠抽象思维的活动。所以数概念的学习是开发宝宝智力的重要途径。3岁左右的宝宝基本上能掌握初步的数概念，但若从2岁左右就开始对宝宝进行数前教育，对宝宝以后学习数学大有帮助。数前教育是数学教育的基础，数前准备做得好，宝宝可以很容易地理解抽象的数概念。

数前教育是在儿童学习计数、认数、掌握最初的数概念之前，成人为儿童组织的数学教育活动。

小猫，看一看，再放在小狗的右边，摇摇头或说“不是”，然后把小猫移到小猫的右边，点点头或说“是”，接着往下进行。如此能够使宝宝学会配对的方法。等宝宝掌握后增加到3对、4对，每对之间的差距也逐渐减小。以后还可以慢慢过渡到图片配对、符号配对。

分类

按物体共同特征归并和分类的能力是发展宝宝数概念的一个最基本的能力。宝宝在很小的时候就有分类的能力，分类是日常生活活动不可分割的部分。宝宝的分类活动可按照物体的颜色、形状、大小等特征，最开始可以让宝宝根据物体的颜色分类，颜色是最容易被宝宝感知的物体特性。比如，让宝宝把红色的珠子放在红色的碗里，把绿色的珠子放到绿色的碗里；或者把大熊放到大筐里，把小熊放到小筐里。

排序

对两个以上的物体按照某种要求进行顺序排列，是较高水平的比较。例如，从大到小，从高到矮，从粗到细等。开始让宝宝排序时东西最好不要超过5个，以3个为宜，物体之间的差异必须明显。套娃、套杯都是很好的材料。以套杯为例，拿出最大的、最小的和中间的一个（这3个差别较大，宝宝容易分辨），让宝宝给它们排队。教宝宝找出最大的，然后在剩余的杯子中再找出最大的，与刚才的最大的做比较，排在最大者后面，依次类推。等宝宝熟练掌握后，可以增加排序的数量。

一一对应

生活中有许多机会可以让宝宝练习一一对应。例如，吃饭的时候，每人需要一个碗、一双筷子，让宝宝帮助发碗、发筷子；给每个人一个苹果；或者给每只小熊送一朵花等。

相等化

相等化体现了合成和分解的思想。比如：2个苹果，再放上几个苹果就和3

个苹果一样多？这块积木，再放上哪块积木就和那块积木一样高？这本书，再摞上哪本书就和那本书一样厚？父母提出诸如此类的问题，都能够帮助宝宝理解相等的概念。

形式排列

这是数学的一个基本主题，识别形式是理解数学的基础。例如，可以把珠子穿成两个红的，一个绿的；把积木摆成圆形、三角形、正方形；和宝宝讨论这些珠子是怎样排列的，让宝宝模仿形式重复排列，等熟练以后可以让宝宝自己设计排列形式。

这些看似与数概念无关的活动为宝宝日后学习数学奠定了良好的基础，如果宝宝还不能理解抽象的数概念时，与其灌输抽象的数学知识，不如把基础打牢，根深才能叶茂。

怎样培养宝宝的自尊

自尊是什么？自尊就是宝宝为自己感到骄傲。一位著名心理学家说："要想孩子具有较强的自尊心，他必须感到自己既能讨人喜欢又有足够的能力。他必须深信自己的价值，能够应付自己和周围的问题。"这种认为自己可爱和有能力的感受，将不同程度地影响宝宝现在和将来生活的各个方面，也是决定宝宝的创造能力、进取心和与他人关系的重要因素。

强烈的自尊心可以激发宝宝去学习、去爱、去创造。自尊来自何处呢？许多人认为，自尊是由慈爱的父母精心照料而产生的下意识的副产品。儿童发展专家认为，实际上某些方法在抚育孩子的过程中可以促进孩子的自尊。这些方法有：

（1）给宝宝恰当的爱。无论宝宝多么淘气，都要使他明白自己是有价值的，是可以被父母接受的。应当让宝宝感受到，即使他有做不到的事情、会犯错误，父母仍旧是爱他的。怎样才能既表达了爱，又纠正了宝宝不妥的行为呢？心理专家建议：善于发现孩子做得对的地方。

（2）负责任地表达愤怒。倘若宝宝做错事，父母应说明自己的感受，并以一种关心的口吻表达出来："当你做某某事时，我感到如何如何。"例如，不应说"你这个坏孩子"或"你真笨"，而是说"当你把东西胡乱扔到地上时，我感到很生气"。父母表达的是对宝宝某一特殊行为的感受，而不是对宝宝价值的判断。

（3）提出符合宝宝心理的明确要求。明确的要求使宝宝不必猜测父母到底要他做什么，给他一个"成功"的机会。所谓"成功"是指使父母高兴或成功地完成了某件事。

（4）了解宝宝的想法。父母应主动听取宝宝的想法，对宝宝的话做出反应，表明对他的理解。

（5）认真对待宝宝的不良情感。认真对待宝宝胆怯、不安或其他消极情绪，不要拒绝、指责他或完全由他自己去解决。

（6）证实宝宝的存在。哪怕是开玩笑或盛怒时，也绝对不能对宝宝提起"希望他从未出生""他是个负担"等。这会使宝宝感到父母不需要他，宝宝会因此怀疑自己的生存价值。

（7）在日常生活中寻找可赞赏的地方。宝宝"坏"时希望受到注意，"好"时希望得到赞同。这不仅能增强自尊，而且承认他所做的正是父母所欣赏的，可以提高宝宝的自我价值，即使这些事情是平淡无奇的日常生活的一部分。

（8）安排时间单独与宝宝在一起。即便父母工作很忙，也得考虑抽出时间与宝宝相处，小到一起散步，大到外出郊游，这对联络感情非常必要。

（9）允许宝宝自己做事。父母总认为代替宝宝做困难的事是对宝宝的帮助，事实上这等于告诉宝宝他不行，不

利于培养宝宝的能力和自尊。宝宝需要刺激和挑战，要给他机会去解决问题和发现自己的能力。当他需要帮助时予以指导协助，而不是取而代之。

（10）重视宝宝的物品。处置宝宝的物品时，必须先问问宝宝。

（11）帮助宝宝正确对待自己的身体。宝宝在成长过程中，出现水痘、疙瘩等现象时，父母应帮他解除精神负担，让宝宝明白这些问题是暂时的，可以控制，使他接受自己的身体和外貌。

（12）当宝宝贬低自己时父母要干预。宝宝贬低自己是在传达一种有关自尊的信息，父母应表现出实事求是的态度和对他的爱，认真听他说，告诉他父母的意见。例如，宝宝说："我真笨，什么都做不好。"父母可以说："你认为你笨，我们不这么想。你只是需要更多时间来学习。我们知道你很聪明，你学画画时不是做得很好吗？"

（13）用非语言方式表达父母的爱。从父母那里得到的拥抱和轻拍有助于培养宝宝的自尊。

（14）面对面同宝宝说话。如果有可能就弯下腰或坐下同宝宝说话，不要总是居高临下地对宝宝，这会拉大他与你的距离。

（15）分享感情。当父母和宝宝沟通某种感情时，即使是脆弱的一面，也是在鼓励宝宝正视自己的经历和感情。当父母回忆往事时，宝宝会逐渐了解父母是什么样的人；一同回顾家庭的历史，也可以使宝宝为自己的根感到骄傲。

怎样培养宝宝的自制力

自制力是可以培养的，让宝宝从小学会控制自己十分重要。

对宝宝讲清道理

宝宝正处于形成自制力的萌芽阶段，对于好吃的、好玩的大多都是难以抗拒的。但宝宝从3岁左右起，接受的社会规范、道德标准越来越多，也越来越理解其中的含义，知道做什么对自己不利，怎么做会对自己更有利。比如，别人的

小贴士

不要宝宝要什么，父母就给什么。许多父母觉得自己有这个经济实力，宝宝想要什么，都能买得起，一味满足宝宝的要求。这种行为忽视了宝宝自制力的培养。

要先从小事或容易控制的事做起。宝宝的自制力是十分有限的，因此父母要求宝宝自控的时间不要过长，这样才能有利于培养宝宝的自制力。

玩具自己不能不打招呼就拿回家；不能因为陌生人有好吃的就跟着他走，以免自己受到伤害。类似道理，宝宝是逐渐懂得的。父母应该在生活中多和宝宝讲，加深宝宝对正确做法的理解。

创设情境

父母应该在有意无意之间给宝宝创设情境，给宝宝施加“压力”，压力是培养宝宝自制能力的关键因素。比如宝宝在与父母外出时提出要去吃肯德基或麦当劳，而这项活动是宝宝临时提出来的，父母能否考虑考验一下他的耐力呢？可以对他说：“家里的饭已经准备好了，如果明天去，妈妈就请你吃儿童套餐，套餐还有奖品呢；如果今天吃了汉堡和薯条，明天的儿童套餐就告吹了。”通常宝宝会有激烈的思想斗争，然后艰难地做出取舍。倘若宝宝选择现在就吃，那只给他买吃的，不买玩具。若宝宝同意明天，则父母必须兑现对宝宝的许诺。

游戏中学习

这个游戏叫“我是木头人”。父母和宝宝站在一起，讲好不能说话、不能动、不能笑，谁先动了、笑了、说话了就算输。宝宝可能由开始的20秒钟延长到30秒、50秒，甚至更长的时间。父母在游戏中要给宝宝一些胜利的机会，让宝宝体验胜利的喜悦。

表扬和奖励

宝宝在抵制诱惑时，是十分痛苦难受的。非常爱吃的蛋糕放在面前要忍住不吃，特别喜欢的玩具不能玩，对于小宝宝来说要付出很大的意志努力。当宝宝达到父母的要求之后，要进行精神和物质奖励。可以给宝宝一个亲吻，可以夸他：“宝宝真棒！”这样做的目的是让宝宝觉得自己的努力没有白费，是值得的。时间长了，宝宝就分得清什么是诱惑，什么是真正的利益。在长期的观念传递之后，宝宝就会在没有外人表扬和奖励的情况下，坚持自己发展的方向，遇到困难也不气馁。因为在宝宝的内心中，已经建立起了一套强大的自我奖励机制。长大以后，这会成为他自觉的行为。

同宝宝说话的技巧

（1）简短的对话。父母和宝宝交谈时，要简明扼要，应是互相对答。比如，父母看见宝宝在玩小飞机，可以问他：“你在干什么？”诱导宝宝和父母进行简短的对话。

（2）要用简单、具体、生动的词。如宝宝总是将小熊扔到地上，父母可以说：“你再扔小熊，小熊该生气了。”

（3）尊重。要和宝宝说话而不是对他训话，因此要保持友好、愉快、尊重的声调和语气。如“你该睡觉了”和“你怎么还不睡觉”，这两句话的意思一样，但语气不同，相信宝宝更喜欢第一句。

（4）活跃。跟宝宝说话应活泼、精力充沛、轻松愉快，不能表现出不耐烦的情绪。

（5）直截了当。对宝宝的问话要给予诚恳的、直截了当的回答。如宝宝问：“爸爸，你去哪？”应告诉宝宝：“我去上班。”而不是说：“你别管。”

（6）自我暴露。将宝宝看成一个真正的人，向宝宝透露父母的需要、弱点、幻想和情绪。让宝宝了解父母的内心世界，父母会发现宝宝同情、善良的一面。

（7）喜欢和宝宝谈话。如果父母喜欢和宝宝谈话，宝宝也会喜欢和父母谈话，宝宝非常希望有人真诚地关心他们，并对他们的生活感兴趣。在谈话中，父母也会发现童心世界里的小秘密。

（8）话题。不要按自己的意志控制话题，而是应该谈宝宝感兴趣的事。如宝宝听着小白兔的故事，却突然打断父母，说起了小花猫，那就由他去吧！父母也和他说小花猫。

（9）选择适当时间。宝宝不喜欢妈妈总是一边手里忙着洗衣、做饭，一边和他说话。因此，父母每天要抽出一点儿时间，专门和“小大人”谈话，宝宝会很高兴。

（10）避免争辩。父母要尊重宝宝的不同意见，不要用提高嗓音的方式让宝宝服从自己的观点，这样才能避免把讨论变成争辩。

不良饮食习惯有损孩子健康

喜欢吃“三高”食品

过多进食高糖、高脂肪及高蛋白食物，容易使宝宝体液酸化，成为酸性体质，渐进性地引发一些病症，如后足发凉、易患感冒、皮肤脆弱易损、经常哭闹不休、抵抗力下降等，严重者殃及大脑功能，表现出思维功能紊乱。

喜欢吃油炸品

油饼、油煎鸡蛋、油炸鸡腿和肉串等食品口感好，对宝宝有很大的诱惑力，特别受其欢迎。对于正处在生长发育阶段的宝宝来说，偶尔吃一些尚无妨碍，如果是经常吃就会对身体有很大害处。因这类食品在制作时加入了含铝的膨松剂，而铝可沉积在脑组织，对脑细胞有损害作用；同时，高温油炸时不仅可产生大量有致癌作用的毒性物质，还使食物中含较多的过氧脂质，它们都可使脑细胞早衰。

餐前、餐中或餐后饮水

不少宝宝平时不愿多喝水，而一到吃饭前、吃饭时、吃饭后就开始要喝水。如果不让宝宝喝，他就觉得吃不进去，这是一种特别有害的坏毛病，对食物的消化非常不利。人的胃肠等消化器官，到吃饭的时间会反射性地分泌各种消化液，如口腔分泌唾液、胃分泌胃蛋白酶和胃液，这些消化液会与食物的碎末混合在一起，使得营养成分很容易被消化和吸收。但宝宝喝了水，就会冲淡和稀释消化液，并使胃蛋白酶的活性减弱，从而影响食物的消化和吸收。

倘若宝宝在饭前感到口渴，可先让他喝一点儿开水或热汤，但不能马上就吃饭，必须过一会儿再吃。

常常空腹吃甜食

不少宝宝经常在空腹时要求吃巧克力或其他甜食品，而妈妈认为甜食品能比其他食物更快地补充热量，因而常常满足宝宝的这种要求。在宝宝疲劳饥饿的时候，给他们吃一点儿甜食是有益的，但是，这仅限于偶然情况下，而且在进餐前2小时才行，倘若经常在空腹并很快就要吃饭情况下吃，便会带来许多害处。

（1）降低宝宝正餐食欲。甜食主要给人体提供热量和糖，但缺乏维生素、纤维素、必需的氨基酸等。甜食中纤维素含量极少，会使肠内的正常菌群很容易被破坏。而这些菌群新陈代谢后能产生B族维生素和叶酸等，所以，很容易导致维生素缺乏症和营养不均衡。

（2）胰岛素过度释放。宝宝空腹吃甜食会使胰岛素在血中增多，从而使大脑血管中的血糖迅速下降，甚至造成低血糖。因而，体内又反射性地分泌出肾上腺素，以使血糖回到正常水平。这种肾上腺素浪涌现象可使人的心率加快，宝宝的大脑比成年人更敏感，所以会出现头痛、头晕、乏力等症状。

（3）容易引起动脉粥样硬化。血中的糖会渐渐地与各种蛋白质结合，使蛋白质的分子结构改变，营养价值由此下降，因蛋白质聚糖的作用，可能引起动脉粥样硬化。

小贴士

什么是感觉统合?

感觉统合,简单地讲即是通过感觉(触、运动、嗅、味、视、听)获得信息,将其与以前存在脑中的信息、记忆及知识放在一起进行比较处理,并能作出有意义的反应。形象的比喻就是把大脑比作大都市,神经冲动的输送通路组成了如同城市四通八达的交通。好的感觉处理功能可以使所有的神经冲动畅通无阻,迅速到达它们的目的地。而感觉统合障碍就是发生在脑中的"交通堵塞",往往一些感觉信息在"交通"中受阻,脑的某些部位无法准确地获得感觉信息,所以无法工作,可导致宝宝发生动作协调性、注意力、觉醒程度、自由功能、情绪状况、记忆能力及更高水平的认知和学习等功能障碍,表现出多种多样的症状。

怎样识别宝宝有感觉统合障碍

注意与适应发生障碍

(1)专心于一项任务的能力取决于有能力筛除或者抑制不必要的感觉信息,例如背景杂音或者视觉信息。有感觉统合障碍的宝宝不具有这种筛选能力,会频繁地对感觉信息做出应答,于是注意力分散、多动或自控力差。这些宝宝总是"处于警戒状态",别人都不理会的感觉信息(如:电冰箱、汽车、加热器风扇、远方的飞机等),会不断地引起这类宝宝的询问或分心。

(2)有些宝宝可能无法记录独特的感觉输入,于是无法对相关的刺激做出正确的反应。例如,当叫宝宝的名字时,这个宝宝可能不转过身来或者无反应。

(3)适应方面有问题的宝宝经常难以建立规律的睡觉和饮食习惯,不会使自己平静下来或自我安慰,经常对外界刺激做出过度的反应。所以,若是宝宝总是易怒、难以安慰、情绪不安,对触摸或者其他感觉输入反应过度,就可能有适应方面的问题。

各种异常的感觉防御

感觉防御的特点是对大部分人认为无害的感觉信息做出"反抗、逃避或者恐惧"的反应。有感觉防御的宝宝,其典型症状是神经系统高度觉醒,时刻准备为了身体的存活做出防御反应,但是却没有能力识别输入的感觉信息并不具有威胁性。

(1)触觉防御表现为具有攻击性,对事情经常躲避、退缩，无法忍受常规的日常生活。比如像梳理、洗头发、剪指甲、刷牙都会引起防御反应，表现为发脾气等，使父母感到难以对付；有些宝宝坚持要穿某种质地的衣服，并要求把衣服上的所有标签全部剪除；或者极端地偏食，原因是不能忍受某种食物。若是宝宝经常由于别人不经意的碰触而退缩或大打出手，可能是有触觉防御，他的社会交往技能发展就会十分受限。

（2）发生听觉防御时，表现为这种宝宝害怕声音和噪声，或做出消极反应，如吸尘器、割草机、吹风机或喇叭的声音，都会令他们极度不安，以至于父母必须在宝宝听不到时才能使用这些器具。另外，有的宝宝不能容忍冲厕所的声音，有的宝宝甚至听到音乐的时候，也要捂住自己的耳朵。

（3）视觉防御表现为对光的过敏或避免目光接触。

（4）口的运动防御（嘴内的触觉防御）的宝宝拒绝刷牙、看医生，或感到做这些很痛苦，对有些食物的质地或温度也往往不能忍受。

（5）嗅觉防御（无法忍受气味）的宝宝对其他人没有注意或不在乎的气味作呕，感到苦恼。如表现出不能忍受与妈妈去看电影，因为电影院的气味使他难受。

（6）前庭防御的宝宝害怕、躲避不能忍受的运动或不稳定的平面，常有晕车感觉，害怕下台阶或者乘自动扶梯；有的宝宝不敢跨上台阶，即使拉着妈妈的手，也拒绝走上路边的台阶，每次走到路边时，妈妈不得不把他抱上去，或者只好允许他四肢着地爬上去；有的宝宝害怕坐快车，无法带他乘坐行驶在高速公路上的车。

活动与行为异常的表现

（1）活动杂乱无章或者毫无目的。宝宝表现为像龙卷风一样在房间里乱窜，一开始似乎对玩具或物品有兴趣，但是如果拿到手，立即就扔到一边，或者像倒垃圾一样抛弃，或者立即被其他的事物所吸引而心不在焉。这种宝宝缺乏开发探索或动手的能力，他可能把东西从箱子里全倒出来，或者从架子上扔下来，却不会静下来动手拨弄一会儿或用眼睛审视一下，也不会想方设法地利用它们做游戏。在运动场上这样的宝宝可能四处狂奔，却不会进行具有协调性的活动，如爬杆、摇秋千、尝试各种游艺设施。

（2）不肯走动或探索环境，就是所谓的“乖孩子”。满足于待在一个地方，不会向照料者提出任何要求；尽管他能走动和接触，但是这种宝宝宁肯待在他的环境中看，却不愿走上前；大一点儿的孩子也可能只是动嘴，而避免动手操作或主动地参与活动。

（3）活动缺乏多样性。这样的宝宝在玩玩具时只会重复相同的动作，或者非常刻板，拿到每样东西不是扔掉，就是拍打表面，或者放到嘴里。有些宝宝只喜欢视觉活动（看电视、录像、图书），避开操作性的玩具。还有些宝宝可能学会了用一种方法玩玩具或游乐场的设施，但不会再增加变化和创造性地玩耍，或者推广运用到其他类似的物品上。例如，这种宝宝把玩具汽车排成一列，但不会假装把车开到其他地方，或者试着把车滚下斜坡。

（4）宝宝笨拙、容易跌跤、不易保持身体平衡，经常发生跌打损伤，甚至骨折；似乎总是匆匆忙忙，动作冲动，好像无头苍蝇；或者总是头上撞出包。这是由于缺乏保护性的反应而控制不住自己。

（5）在令人兴奋的活动或愤怒之后，很难自己平静下来。这种宝宝受到挫折后很难接受安慰，而且发脾气可能持续几个小时；在剧烈的游戏后过度兴奋，以至于游戏过后仍然高度活跃而静不下来；有些宝宝总是动个不停，不知疲倦，或无法参加安静的活动；就餐时间不好好吃饭，就寝时间难以入睡。

（6）寻求剧烈的感觉信息的过量刺激。喜欢蹦跳、荡秋千、旋转，并且十分过度，这种宝宝可长时间在运动器械上旋转或绕着屋子转圈而不觉得眩晕；还有的宝宝连续扑倒在地板上，故意撞其他人，或者拼命地跳。

小贴士

感觉统合障碍会对宝宝各个方面的发育有不利影响。有些宝宝感到气馁、自卑，特别是当他们知道自己与同龄人的能力有差异时。他们会由于运动技能不良、参与游戏活动有困难、有攻击性行为而很难交上朋友或者成为团体的一部分，所以总是独来独往。有时父母为了迁就宝宝，只好尽量满足他，如拿着装满食物的汤匙满屋子请求宝宝吃，允许宝宝在父母的床上睡觉。这样，可能暂时解决了问题，但根本的问题没有解决。对于任何被怀疑有感觉统合障碍的宝宝，都应该及早去就诊，让专业人员进行评估并加以指导。因为幼儿正处于中枢神经系统发育的关键时期，大脑的代偿能力强，越早训练效果越好。

预防宝宝感觉统合失调的有效良策

从孕期就开始

女性在妊娠期应保持愉快平和的心态，平衡饮食，坚持适度的身体锻炼（不宜过早地消极休息），进行良好的胎教，这些都有利于促进胎儿感觉器官的发育及运动节律的平衡。

尽量自然分娩

胎头经过产道的挤压，相当于经历了一场全身自上而下的强力按摩，激发了体表所有的触觉，促进信号的传导与到达大脑的神经通路通畅，可为日后形成正常的触觉打下坚实基础。

尽量母乳喂养，给予良性刺激

宝宝出生后，尽量母乳喂养，在安静觉醒期给予各种良性的感觉刺激，使宝宝接受感觉学习。所谓良性的刺激是指宝宝乐于接受和感觉安全、信任、欢愉的刺激，可以富于挑战。刺激的种类取决于宝宝的发育阶段与宝宝的个性，不能拔苗助长，也不能拖延滞后。

从新生儿起就应给宝宝洗澡，看鲜艳的色彩，听音乐及各种声响，与之目光对视的同时会心地交谈，使宝宝体验不同的体位与运动，如仰卧、俯卧、竖直抱起、怀抱摇动（但不要抖动）等。

鼓励宝宝去探索和尝试世界

随着宝宝年龄的增长，需要逐渐增加活动的范围、运动量及挑战性。凡是宝宝有可能做到并愿意做的，明智的父母应在保证安全的前提下，鼓励宝宝去探索和尝试，只是在宝宝确实需要的时候给予帮助。例如，宝宝开始能用手抓东西了，鼓励他自己用力伸出胳膊把东西够到手里，而不要轻易地把东西递给他。宝宝能握起勺子了，鼓励他自己从小碗里舀食品，尝试喂自己吃。饭菜泼洒在桌上了，鼓励他捡起来放在盘子里或用抹布擦拭。宝宝只有通过实践和亲身体验，感觉统合的能力才能得以建立和发展，自信心与积极的情绪才会油然而生。

不要剥夺宝宝身心发展的机会

让宝宝有丰富多彩的体验与感受，如阳光、风、雨、热、冷；接触不同质地的物体，进行不同的运动，如翻、滚、爬、跑、跳、蹦、摇、转等，不要有意无意地剥夺宝宝发展的机会。

学会与人交往

从小就让宝宝与其他的孩子接触，特别是同龄人。在相互交往的过程中，宝宝能够学到许多与成人在一起很难学到的东西，这对于感觉统合能力的发展有很大的益处。

简便易行的感觉训练活动

梳子游戏

轻轻用梳子梳头发。头皮是感觉非常敏感的部位，可以直接刺激大脑皮质感觉区，对身体形象的建立有很大帮助。可以每天进行10分钟左右。也可用吹风机吹身体各部位，强化身体形象感觉。

抓痒游戏

可以让宝宝躺在床铺或软垫上，张开四肢，父母坐在旁边，在宝宝身上敏感处玩抓痒游戏。可以每天进行10~15分钟。

球池游戏

大部分幼儿园或游乐场所都有此设施。球池又称为浮力球，不但对宝宝的触觉有帮助，对前庭固有感觉的形成也有好处。宝宝可以整个人藏入球池中，划动四肢或翻身体；也可以站立，两脚踏动，或由上跃下，将身体投入球中。

跳床游戏

可由父亲或母亲背着，在跳床上跳动，对固有平衡感及脑干组织的发展颇有帮助。

如何预防宝宝的乳牙“地包天”

反颌在妈妈眼皮底下溜掉

生活中妈妈非常关心宝宝是否有蛀牙，而宝宝的“牙齿关系”却在她们的眼皮底下溜掉了！有些宝宝的反颌是口腔医生在诊室之外，或是妈妈带宝宝看其他牙病时才发现的。

人在正常情况下，牙齿应该是上前牙盖过下前牙的一部分。正好相反的话医学上则称之为“反颌”，民间俗称“地包天”。

乳牙反颌有两种情况，第一种是只有一两个牙反颌；第二种为全部前牙反颌，这种情况在乳前牙反颌中多见。宝宝的牙反颌只有在乳牙萌出，并形成了上下牙的咬合关系后才能确认。

妈妈的养育方式

倘若宝宝的父母或者其中一人有反颌，宝宝就有可能遗传，这种可能性占1/3。

后天因素就与妈妈的养育方式有关了，比如：宝宝有经常吮指、咬唇、咬物、吐舌、下颌前伸这些不良的习惯，特别是常常给宝宝安抚奶嘴。从心理学的角度来讲，给宝宝安抚奶嘴是为避免情绪上受挫或缺乏安全感而造成日后负面性格的养成；但就口腔发育的角度而言，则有可能引起有害的不平衡压力，冲击尚未成熟的齿槽，久而久之就有可能造成咬合异常。

采用人工喂哺的妈妈应该注意：若是奶嘴的孔小而宝宝平躺抱着奶瓶，这样只有使下颌过度前冲用力才能吸吮出奶水。如果宝宝抱不住奶瓶，奶嘴头就会斜向下前方，下颌就得更加向前伸才能吸出奶水，常此下去，宝宝就会形成反颌，严重者甚至下颌突出。

另外，乳牙早失，乳牙迟落，多生牙及先天性牙缺乏也有可能引起反颌。

对健康的影响

宝宝因为前牙反颌，限制了上颌骨前部的发育，同时又促使下颌骨过度发育，严重的可造成颜面中部凹陷，从侧面看呈镰刀状弯面形，十分有碍外形美观。

由于咬合异常，还会造成颞颌关节发炎而引起头疼。另外，咀嚼功能因此下降，时间久了胃肠也会生毛病。

预防的有效良策

（1）母乳喂养。正常哺乳的功能性刺激，会使婴幼儿的上下颌关系容易协调。

（2）父母或其中之一有牙颌畸形者，在宝宝乳牙萌出后，应该带宝宝去牙科检查，有不正常现象及早发现。

（3）妈妈在养育上必须多花些时间和以更多的爱心，给予宝宝生理和心理上的满足，如多抱抱、亲吻、经常抚摸、轻轻拍打、谈话等，以免情绪受挫或因缺乏安全感而导致宝宝吸吮手指、咬唇、咬物这些不良习惯。

使用安抚奶嘴的建议：①应该使用特别设计的扁形奶嘴。②因宝宝已对其有了依赖性，生硬戒除自然会增加焦虑不安感，妈妈不妨制订一个戒除不良习惯的短期计划，如果宝宝有进步，可及时夸奖或奖励。

（4）保持口腔卫生，防止乳牙龋病，对早失的乳牙应该请医生做好间隙保留，及时拔除滞留乳牙或多生牙。

宝宝的基础智能培养

学学包饺子

目的：训练宝宝手的精细技巧。

内容：

（1）在家包饺子时，妈妈可以让宝宝拿一块小面团也学着包饺子。

（2）教宝宝学妈妈的样子先将面团搓圆，用手掌压扁；或者将搓圆的面团再搓成条，让宝宝用一根筷子当擀面杖，将面条擀成片。

小兔乖乖游戏

目的：训练宝宝的弹跳能力，培养宝宝身体动作的协调性。

内容：

（1）妈妈和宝宝在一起做小兔乖乖的游戏。兔妈妈提一只空的小篮子，两脚并拢向前跳，边跳边说：“小兔乖乖，把门儿开开，妈妈回来了。”宝宝也可模仿妈妈的动作，边蹦蹦跳边说：“妈妈回来了，快去把门儿开开。”

（2）在宝宝学会了两脚并拢向前跳之后，妈妈还可以教宝宝两脚左右方向开合跳及向前后方向开合跳的动作。在跳这个动作时，妈妈可以说：“小狗小狗蹦蹦跳，小猫小猫蹦蹦跳。"

认知各种职业

目的：丰富宝宝的社会常识，培养宝宝的认知能力。

内容：

（1）妈妈在日常生活中，碰到不同职业的人就随时告诉宝宝他们的称呼、工作性质、服装特色。

（2）妈妈带宝宝上大街，让宝宝指认所学过的不同职业人员，要求宝宝准确说出他们的称呼。

（3）妈妈可搜集各个行业典型的人物图片，一一呈现给宝宝，让宝宝判断他们的职业。

（4）在日常生活中，妈妈可扮演不同职业的人，让宝宝也扮演一定的角色，进行游戏。

提高拼合与讲述能力

目的：锻炼宝宝拼图、讲画面内容，发展宝宝拼合能力和讲述能力。

内容：

（1）妈妈教宝宝看一幅画，里面画上小兔子、小狗、小鸡。先让宝宝看图的上半部分，叙述这些都是些什么动物，它们的嘴、鼻子等都是什么样子。

（2）妈妈再给宝宝呈现图的下半部分，要求宝宝把上下两部分图拼起来，从而使整个图形完整。

（3）让宝宝讲述各种动物脚的不同处，如脚的形状、大小，脚趾的多少等。

妈妈可以先拼给宝宝看，同时告诉宝宝怎样拼，怎样描述动物的特征，描述的顺序是什么。宝宝拼图有困难时，给予指点，帮助宝宝先确定半个图，把这个图摆正了，指点宝宝进行仔细观察，研究拼接处的特征，再按这些特征找另一半。

练习跳跃

目的：训练宝宝腿部动作，练习跳的灵巧性、稳定性。

内容:

(1)练习双脚原地向上跳。

(2)双脚站立由高10~15厘米处往下跳。

(3)双脚向前行进跳。

在宝宝练习跳的过程中,妈妈必须注意宝宝的安全,尤其是从高处向下跳时,要特别注意地上不能有其他的东西,地面尽量不要过于坚硬。宝宝跳,妈妈也可以跟着跳,动作必须规范、标准,让宝宝跟着学。

跑步锻炼

目的:训练宝宝跑的能力,弹跳力,跑步时的正确姿势。

内容:

(1)早上起来,爸爸和妈妈跟宝宝排成一列纵队,爸爸在前,宝宝在中间,妈妈在最后,三个人练习跑步。爸爸可口中喊着口号,并不时成退步的姿势来跟宝宝说几句话。

(2)等宝宝跑步的动作熟练之后,可以让宝宝排在最前,朝指定的方向跑。

(3)跟宝宝玩四散跑的游戏,爸爸、妈妈和宝宝分别跑向一个方向。

(4)教宝宝学会走跑交替,可以带着宝宝去看看大哥哥、大姐姐上早操的情形,让宝宝体验走走跑跑的感觉。

跑步时必须选人比较少的地方,尤其是练习四散跑的游戏。周围的环境一定要安全。妈妈要带着宝宝每天坚持跑,能锻炼宝宝的毅力。

玩节拍游戏

目的:锻炼宝宝手腕的灵活性,增强宝宝音乐节奏感,学会跟音乐做动作。

内容:

1~2小节,拍手两次后,两手在右侧上方转动手腕两次。

3~4小节,动作同1~2小节。

5~6小节,拍手两次后,两手在左侧上方转动手腕两次。

7~8小节，动作同5~6小节。

9~10小节，拍手两次后，两手在胸前转动手腕两次。

11~12小节，动作同9~10小节。

13~14小节，拍手两次后，两手在头上方转动手腕两次。

15~16小节，动作同13~14小节。

练折纸

目的：培养宝宝手指动作的灵活性，加快手指的分化，促进思维的发展。

内容：妈妈可以教宝宝学习折最基本的图形，如簸箕、台子、飞机、风车等。

在折的过程中妈妈必须仔细给宝宝示范，要求宝宝会叠每一步。

宝宝创造力的家庭训练

家庭是非常好的训练宝宝创造力的场所。

比如，全家人围坐在一起，一边品尝着充满家庭温暖的菜肴，一边热烈地讨论着，各自说着自己的想法，驳斥着别人的见解，思想与思想之间在交锋、在碰撞，同时一个新的想法也相应地在餐桌上诞生。如此不但可以调节家庭的气氛，而且可以激发宝宝的创造力，养成宝宝思考问题的习惯。

又如，爸爸给宝宝出智力题，妈妈则给宝宝朗读诗歌或者小说片断，一家人高兴地围坐在一起，这种家庭气氛的陶冶将会给宝宝一生留下美好的记忆。以下四项技巧可供参考：

假戏真做

可以假装不能用语言沟通，必须通过哑剧、手势及脸部表情彼此传递信息。可假扮饭店、机场或公园里的人，并给宝宝一叠纸、一支铅笔和蜡笔，画出对方演出的情节。

小小私人画廊

让宝宝了解他画画只是自己很高兴，而不是取悦任何人。这样，宝宝便能将自己的艺术作品自由地展现出来。在宝宝的房门上挂黑板或画架，可以让他自由创作，捕捉灵感。

自制不花钱的礼物

鼓励宝宝在送礼物时自己动手做，这种礼物是金钱买不到的。宝宝自己创作显得特别可贵，对宝宝很有激励意义。例如，可鼓励宝宝自制各式儿童玩具等。

玩小大人请客

让宝宝扮演大人角色，在家设宴请客，演习款待客人的礼节。

还有很多训练方法是需要家长在生活中自己摸索、自己去寻找的。比如一根绳，可以跟宝宝玩出以下几种游戏：走绳索；用绳子弯成一条河状，跟宝宝比赛谁能跨过河；用绳子在地板上组成各种各样的图画；拔河；挥动绳子让宝宝来抓蛇……随处都有材料，随时都有方法，只要家长动脑筋，就可以将创造力的训练在家庭中生动活泼地开展起来。

帮宝宝摆脱噩梦和夜惊之法

噩梦

噩梦是指可怕的梦。宝宝做噩梦多发生在后半夜（因后半夜做梦较多）。多数宝宝做噩梦醒来后会哭闹、恐惧，希望妈妈留在他身边，并且能感觉到妈妈在他身边；有的宝宝会告诉妈妈梦中的内容，且由于他对噩梦细节的记述，大多在醒来后都较难再入睡。父母此时需要做的是：

（1）尽快将宝宝搂在怀里。

（2）彻底叫醒宝宝，不要让他时断时续地在梦中停留。告诉宝宝，妈妈在他身边，没有人能够伤害他。

（3）将房间的灯打开一段时间，可能会帮助宝宝尽快从噩梦中醒来。

（4）倘若宝宝哭闹、发抖，应尽量安慰他，使他渐渐平静下来。

噩梦对宝宝来说是真实的，父母应倾听并鼓励宝宝说出发生在梦里的事情。宝宝安静下来后，应鼓励他尽快入睡。

夜惊

夜惊与噩梦不同，发生率较低。夜惊通常发生在从深睡眠进入浅睡眠的这段时间内，大多在宝宝入睡后的1~2小时发生。表现为宝宝全身扭动、哭喊、乱踢乱踹，看着父母但认不出他们，且很难被叫醒。宝宝可能还会有出汗、呼吸急促、在房间里跑动等表现；可能会推父母，不让父母接近他，特别是当父母想限制他的活动时，更是这样。

夜惊的时间可能会持续40多分钟，大多数宝宝好像在夜惊后能很快入睡，但这是假象，实际情况是他根本没有真正醒来。

与噩梦相同的是，夜惊与宝宝在白天见到的一些恐怖的、激烈的场面和画面有关；不同的是宝宝不记得夜惊的内容。遇到宝宝夜惊，父母应该这样做：

（1）首先要镇静。见到宝宝夜惊，父母常常比孩子

小贴士

夜惊对父母造成的心理恐惧比对宝宝造成的心理恐惧要严重得多，但父母很少认为这是一种疾病。夜惊多发生在低龄儿童中，不很频繁，一般不会持续很长时间，大部分会在进入小学后消失。如果这种情况持续不断地出现，父母则应带孩子去看医生。

还要“惊”，因此家长的镇静非常重要。这时最好不要弄醒宝宝。

（2）若宝宝想要离开床铺，应轻柔地限制他，不要让他离开。请放心，宝宝会像是突然明白了什么似的，很快就放松并重新进入睡眠。

如何帮助宝宝练习说话

宝宝2~3岁时，就已经有了说话的能力，而且能用新的词汇来表达自己请求、抵抗、命令和询问的意思了。谈话让宝宝觉得高兴，因为他现在有了一个直接与世界联系的办法。宝宝开始喜欢练习他们新掌握的语言，因此大人会觉得此时的宝宝可能有点“多言多语”。

好多2~3岁的宝宝经常只是想把自己的想法大声说出来，或是怎样把词汇正确排序造成句子，比如，“奶奶，我喜欢奶奶，我想去看奶奶”。但若宝宝说话的能力已经提高到可以表达他自己的一些想法和生活时，提问就不可避免了。“妈妈，外面怎么这么热呀？”“这里的草怎么是褐色的？”宝宝把所有的问题都对准了父母，因为这个时候的父母是他认知的世界里最聪明、睿智的人。

这个年龄的宝宝对什么事都好奇，“我为什么不能再做一次婴儿？”“天为什么下雨？”宝宝既不是想得到一个复杂、完整的答案，也不能立刻理解更多的信息。因此，一个或两个简单的句子就让他满意了。“宝宝，我们只能往前成长，而不能往回成长。”“云里面有很多水，掉到地上就成了雨。”

这个年龄的宝宝还不能控制自己的愿望和冲动，当父母想找个办法结束谈话而又不让他灰心失望的时候，宝宝没准儿还在喋喋不休。父母必须给宝宝的问题定个限度，最好不要传达给宝宝这种信息：他的问题让父母心烦、恼火，或是父母给他的热情泼冷水、扰乱他亲近父母的感情。千万不要说：“够了，我受不了更多的问题！”“你就不能安静点儿？”父母可以说：“宝贝，这是妈妈现在能回答的最后一个问题了。今晚还要做别的事呢！”“你可以再问我一个问题，然后我就得出去了。”这种坚决的回答能帮助宝宝暂时停止发问，而且不伤宝宝的自尊心。

和宝宝共享读书时间

每一位妈妈都有这样的体会：宝宝一旦喜欢看书、听故事以后，就会不分场合、不分时间地一遍遍缠着父母给他讲故事，陪他看书，而且这些故事和书常常都是他听过、看过许多遍的。若父母想敷衍了事，宝宝就会毫不客气地指出："讲错了。"

"书是一切知识的源泉"，"拥有了书就拥了整个世界"。宝宝的思维还比较简单，他们的生活就是一个童话世界，色彩鲜艳、富有想象力的故事和图书就成为宝宝认识社会、感受生活的最好教材。因此，父母不能小看了与宝宝在一起看书的时光，如果能够有效地利用读书时间，抓住契机教育引导宝宝，不但能使宝宝大大受益，还能从中体会到无穷无尽的乐趣。

（1）优美的词句有助于提高宝宝的语言表达能力。

许多好的故事宝宝永远也不会听烦，尤其是故事中那些优美的词句总会给他们带来无尽的想象："红的墙，绿的窗，金色的屋顶亮堂堂。"（《金色的房子》）"公鸡呀公鸡，金鸡冠的公鸡，你的脑袋油光光，你的冠子红又亮……"（《金鸡冠的公鸡》）这一句句极富想象力的优美词句让宝宝展开了想象的翅膀，有了模仿学习的愿望。同时，在讲述的过程中，宝宝对声调的控制，语气的抑扬顿挫，语句的连贯性，尤其是对形容词的正确使用都有了初步的认识，而且那些简单明了、易懂上口的词句也可以在生活当中直接应用，这样就大大提高了宝宝的语言表达能

力。

（2）精美的画面、欢快的乐曲给予宝宝艺术的熏陶。

经典童话故事书的制作通常都很精美，每一幅画面都蕴藏着艺术的美感；形象可爱的卡通人物、动物，色彩艳丽、对比鲜明的风景……只看画面就已经是一种很好的享受了。有的故事还会配上适合于情节的歌曲，如：“我独自走在郊外的小路上，我把糕点带给外婆尝一尝……”（《小红帽》）“小兔乖乖，把门开开……”（《小兔乖乖》）都是宝宝喜欢听的。父母在给宝宝讲书的同时能够声情并茂地演唱，让宝宝感受曲调的欢快或抒情、动作的优美或舒展，这就无异于在给宝宝上最初的艺术课了。

（3）曲折的故事情节能提高宝宝的记忆力，增强逻辑思维能力。

宝宝一遍遍地听，父母一次次地讲，故事情节在宝宝的脑海中形成一定的记忆后，再看书讲故事时，就可以采取一问一答或接上下句的形式，让宝宝和妈妈共同讲完一个故事，这样不但增强了宝宝对故事的理解，而且可以借此机会训练宝宝的记忆力。当故事中的情节或结尾可以另有发展时，不妨让宝宝也尝试着进行改编，通过判断、思考、想象来训练宝宝的逻辑思维能力，帮助宝宝尽快形成比较完善的思维方式。

（4）健康的故事内容可帮助宝宝形成一定的行为规范。

有许多故事都是针对宝宝的生活、学习等方面行为习惯的养成编写的，通过宝宝爱听故事这一特点，以“小故事讲大道理”这一宝宝易于接受的形式，教给他们社会常识、行为习惯以及引起简单的做人道理。宝宝

小贴士

（1）看书给宝宝讲故事应该是一种声情并茂的朗读，并且应该选择经典故事。

（2）父母选购图书不仅要看文字内容，而且一定不能忽略图片的美感。

（3）宝宝看的书应该符合其年龄特点，父母不能为了培养思维能力而过早让宝宝看情节太复杂的书。

（4）宝宝的图书应以趣味性为主，兼有一定的教育作用，但是不能总讲大道理，不然会引起宝宝的反感。

在看书听故事的同时也是宝宝学习的最好时机。

宝宝注意力、观察力的培养

认识动物

目的：

（1）培养宝宝的观察力，训练宝宝观察的目的性和稳定性。

（2）培养宝宝的注意力，将宝宝的注意和认知过程相结合，在注意的同时进行初步的思考，使宝宝获得更多的知识。

（3）训练宝宝学会找出各种事物的异同点。

（4）让宝宝熟悉各种动物和了解它们的特性。

内容：

（1）父母事先让宝宝看一些有关动物的电视节目或者到动物园去参观，以便对一些动物有初步的印象，为做游戏打下基础，便于游戏顺利进行。

（2）在游戏中，父母可准备几张动物画片（如大象、兔子、长颈鹿、老虎、豹子、鸟、鱼等）。妈妈可以先拿出大象的画片，让宝宝仔细观察1分钟后，妈妈问宝宝：

①大象大不大？（大）

②大象的鼻子是什么样的？（很长很长）

接着，妈妈就可以告诉宝宝：大象是陆地上最大的动物，大象的长鼻子可有用处了。大象可以用鼻子将食物卷起来放入嘴里，可以用鼻子卷木材，可以用鼻子吹口琴……

（3）随后拿出小兔子的画片，让宝宝仔细观察1分钟后，妈妈提问宝宝……

（4）每一种动物都是如此，通过一系列的观察、提问，宝宝就会对所看到的动物有一个全面而深刻的印象。这一过程，宝宝既锻炼了观察力，也提高了注意力，而且丰富了知识。

认知夏天和冬天

目的：

（1）培养宝宝的观察力，训练宝宝观察的敏锐程度。

（2）锻炼宝宝的注意力，提高注意的有效性。

（3）教宝宝认识夏天和冬天，明确夏天和冬天的概念与特征。

内容：

（1）妈妈可以准备两张宝宝的照片，一张是在冬天照的，另一张则是在夏天照的，要求这两张照片冬夏特征明显。还可以再准备两幅画，一幅是冬天湖面上结着厚厚的冰，许多小孩穿棉衣，戴帽子、手套在滑冰，湖边的树上没有一片叶子，树旁堆着一个小雪人。另一幅画是夏天，湖水蓝蓝的，许多小孩子都在湖里游泳，湖边的大树上长满了叶子，有个小姑娘穿着花裙子站在大树下。

（2）游戏开始时，妈妈先拿出两幅画让宝宝仔细观察2分钟，然后让宝宝说出有什么不同。（不同之处即上面所述）妈妈问宝宝，为什么会这样？（因为夏天热，冬天冷）妈妈进行总结：冬天冷，人们都穿得很厚，有棉袄、羽绒衣、厚毛衣、棉鞋、棉帽、棉手套。夏天热，人们穿得很薄，男孩子穿背心和短裤，女孩子穿裙子、穿凉鞋。冬天刮风下大雪，夏天刮风下大雨。冬天滑冰打雪仗，夏天游泳等。由此明确宝宝对冬天和夏天的认识。

（3）接着妈妈拿出宝宝的两张照片，问宝宝这两张照片是什么时候照的。在宝宝回答之后，再追问一句："你是怎么知道的呢？"宝宝若回答与衣服有关，则为正确。

提示：

（1）图片和照片的选择必须合适。

（2）妈妈在游戏的过程中要及时总结，给宝宝一个明确清晰的概念。

（3）宝宝回答正确之后，妈妈要及时给予表扬，以提高宝宝参与游戏的积极性。

找一找

目的：

（1）训练宝宝的观察力，通过观察来找出事物的异同点。

（2）锻炼宝宝的注意力，训练宝宝分辨细节的能力。

（3）培养宝宝助人为乐的精神。

内容：

（1）实物游戏：

妈妈在家中和宝宝做游戏时可选用这个方法。妈妈给宝宝穿衣服时，可先给宝宝穿一只袜子、一只鞋，带一只手套，然后妈妈分别把宝宝的另一只袜子、手套、鞋与其他的袜子、手套、鞋混在一起。妈妈对宝宝说："哎呀！宝宝的这些东西都混在一起了，妈妈还有别的事，宝宝自己找出另一只袜子、鞋和手套，好吗？"然后，妈妈离开房间，让宝宝自己通过观察来完成妈妈的要求。

（2）图片游戏：

妈妈给宝宝出示图片，让宝宝仔细观察，然后妈妈提问：

①图上都有什么？（一个小娃娃、手套、袜子、鞋）

②图上有多少只手套？多少只袜子？多少只鞋？

③小娃娃怎么了？（没穿袜子、鞋，少一只手套）

提问时妈妈可用手指一指图上小娃娃的脚和手，以示提醒。

（3）妈妈说："图上的小娃娃找不到他的另外一只袜子、鞋、手套了，请宝宝帮他找出来，好吗？"

在进行实物游戏时，混在一起的东西不能太多，以免影响宝宝找出所需的东西。

在进行实物游戏时，妈妈必须对宝宝强调：人穿袜子、鞋，戴手套都必须配对，即颜色、花型、形状都一样。在进行图片游戏时，妈妈也要告诉宝宝这是基本生活常识。

吹泡泡

目的：

（1）训练宝宝的观察力，培养宝宝对其他人行为的观察与模仿能力。

（2）训练宝宝的注意力，增加注意的时间。

（3）培养宝宝的想象力和创造力。

内容：

（1）妈妈和宝宝一起做吹泡泡的玩具。将洗衣服剩下的小肥皂块切成小丁，放进一个塑料瓶里，加入水，把肥皂泡软，并且不停地搅拌，直到肥皂溶化，然后往里加入一些甘油，吹泡泡的水就制成了。

（2）可以吹泡泡了。妈妈把吸管的一端蘸一点肥皂水，另一端用嘴一吹，吹出了一个大泡泡。这个动作过程必须让宝宝看清楚，观察仔细。宝宝拿起吸管，模仿妈妈的动作，也吹出了一个大泡泡。

（3）妈妈接着引导宝宝自己制作一些别的吹泡泡的工具。

①把纱巾绕在铁丝框上，框越大，泡泡就越大。

②把吸管捆在一起，一下子就能吹出许多泡泡。

（4）在阳光明媚的日子里，带着宝宝到户外去吹泡泡。提醒宝宝注意泡泡的表面是什么颜色。（彩色的）

（5）问宝宝：要是不用嘴吹，用扇子扇、用电扇吹也能吹泡泡吗？还有别的东西也能吹泡泡吗？

提示：

（1）吹泡泡是宝宝最喜欢玩的游戏之一。不同年龄段的宝宝应该有不同的要求。

（2）妈妈在制作吹泡泡工具时，必须让宝宝参与其中，以提高宝宝的动手能力和参与活动的积极性。

（3）妈妈在和宝宝做游戏时，不要仅仅满足于吹出了泡泡，更要通过提问，引导宝宝观察、思考。

找找看

目的：

（1）培养宝宝的观察力，通过观察能找出两种事物的异同点，找出事物的外在和内在联系。

（2）训练宝宝的思维能力。

内容：

（1）妈妈把一个大苹果和一个大鸭梨放在桌上，然后对宝宝说："苹果和鸭梨有很多相似的地方，宝宝认真地看一看，告诉妈妈，到底它们哪些地方相似？"

（2）宝宝回答："好吃，是甜的，都是树上结的……"妈妈帮助宝宝把共同点找全。（好吃、甜的、水果、树上结的、都有颜色）

（3）妈妈对宝宝的回答及时给予表扬："啊，真不错，宝宝真聪明。那么，它们究竟有什么不同呢？"

（4）妈妈要引导宝宝回答：颜色不一样（一个红一个黄），形状不一样（一个是圆的，一个是葫芦形的）……

（5）妈妈对宝宝的回答给予表扬，奖给宝宝一个大苹果或一个大鸭梨吃，并总结出苹果和鸭梨的特征，以强化宝宝的记忆。

提示：

（1）这个游戏是找异同点，也可只进行其中的一项，只找相似点，或者只找不同点。具体由妈妈根据宝宝的实际情况来决定。

（2）观察的对象可以是各种各样的，如植物、动物等。

投球

目的：

（1）训练宝宝的注意力。

（2）锻炼宝宝的敏捷性。

（3）培养宝宝手指的精细动作。

内容：

（1）妈妈先找一个小口的玻璃瓶和几十个弹球，把这些东西放在桌上，妈妈说："请宝宝把弹球放进瓶子里，越快越好。"妈妈可给宝宝计时，宝宝如果在25分钟内投进10个弹球，就说明宝宝的发育良好。

（2）若是宝宝进行得很顺利，妈妈就可以加大游戏难度。比如选择口更小一些的瓶子，用黄豆代替弹球等。

（3）图片游戏。让宝宝看图，说说哪个球能投进哪个瓶子。妈妈提问：

①画面上有什么？（瓶子、豆豆）

②几个瓶子？几个豆豆？（4个瓶子，8个豆豆）

③瓶子和豆豆都是什么样子的？（有大瓶子和小瓶子，有大豆豆和小豆豆）

（4）让宝宝观察图3分钟后，再次问宝宝，每个瓶子里可放下多少个豆子？（①号瓶子8个，②号瓶子6个，③号瓶子4个，④号瓶子2个）

可启发宝宝：大瓶子能装大豆，也能装小豆。

提示：

（1）这个游戏还有另外一种玩法，用几个瓶口大小不同的瓶子和几个大小不同的球，让宝宝把球投入相应的瓶子中去。

（2）活动还可以延伸为用一个瓶子，大小不同的球或豆子、花生米等。玩过几次以后，宝宝就会认识到有一些是放不进去的，就不会再拿那些明显放不进去的球了。

为3岁宝宝做好入幼儿园的准备

激发宝宝上幼儿园的兴趣

去幼儿园前，父母可带宝宝去参观，了解幼儿园的生活。让宝宝看看各种活动设施及丰富多彩的玩具，使宝宝对幼儿园生活产生向往感。父母千万不要把送宝宝到幼儿园作为一种惩罚手段，不然宝宝会产生一种到幼儿园去就是“受苦受难”的错觉，形成对幼儿园的恐惧心理，从而导致不愿去。

培养宝宝独立生活的能力

在家庭中，宝宝的衣、食、大小便都可能依赖父母。为了适应幼儿园的环境，上述内容要学会自理。不然宝宝与别人相比会产生自卑感，并给幼儿园生活带来诸多不便。

心理上的准备

进入幼儿园后老师对宝宝要求十分严格，有时还要批评，这与父母的要求不严、“戴高帽子”、“说好话”的做法截然不同，若是不做好心理上的准备，宝宝就会出现“想不通”、“老师不喜欢我”等心理不平衡。

语言方面

培养宝宝使用语言表达自己的想法和感受的能力，避免因语言障碍而影响与小朋友及教师的交往。

宝宝入园的分离焦虑

有些宝宝刚进幼儿园时又哭又闹，不肯离开父母，不愿待在幼儿园。这种现象，大多要持续数周，少数甚至长达数月之久。宝宝的这种拒绝入园现象，心理学上叫作“分离焦虑”现象。

“分离焦虑”源于宝宝对父母的依恋行为。2.5~3岁的宝宝对抚育者形成了固定的依恋关系，他们已懂得抚育者（大多是父母）在自己身旁是自身安全感和各种需要得到满足的根本保证。这个年龄的宝宝格外关心所依恋的对象是否在身边，倘若发现不在身边，就以哭闹来“抗拒”。宝宝初次入园，来到陌生的环境和人群面前，就会觉得失去了安全感，因而紧缠父母不愿离开。

宝宝分离焦虑的情况是不尽相同的，有的宝宝表现为与亲人刚分离时情绪很坏，但亲人走后就转为正常；有的与亲人分离较长时间还思念着，甚至哭闹不止；有的则表现为精神紧张、恐惧、呆板、不哭闹等。

这些差异与以下因素有关：

（1）与年龄有关。从依恋关系发展的规律看，宝宝年龄越小，入托入园越难适应。其中以6个月~3岁分离最为痛苦，因为这时宝宝已建立并加强了与抚育者固定的依恋行为，同时在生活上独立自理的能力差。

（2）与抚育者关系的密切程度有关。依恋行为越紧密，分离焦虑就越严重。

（3）与宝宝过去是否入托入园有关。曾入托入园的宝宝再入托入园自然容易适应，因为他们已形成“入托与亲人分离、在托儿所过集体生活、出托儿所与亲人团聚”的生活周期模式。但是未曾入托入园的宝宝容易产生不安全感。

（4）与宝宝本身的身体健康条件、气质、性格特点和教师方面的一些情况有关。宝宝刚入园时的分离焦虑是正常的心理现象。对初入园的宝宝，父母在征得老师同意的情况下，可给他带一件最心爱的玩具，这样宝宝在离开亲人期间，会把依恋的情感暂时迁移到心爱的玩具身上，从而有助于减轻焦虑感。

让宝宝愉快地进入幼儿园

幼儿园的集体生活，不仅有助于培养宝宝的独立生活能力和良好的人际交往能力，而且有利于宝宝智力开发，并为将来上学做好准备，是家庭教育的必要补充。美国儿童专家认为，宝宝入幼儿园的根本目的在于学会与同伴和睦相处，并在同伴的帮助下，逐渐寻求解决生活中遇到的实际问题的方法。3岁左右的宝宝，很愿意与同伴交往，所以2～3岁的宝宝入幼儿园较为适宜。

许多宝宝不愿意入幼儿园，除了宝宝对父母的过度依赖或体格较弱等原因外，更主要的是由父母本身的某些错误做法造成的。有的父母把宝宝送进幼儿园后，分别时频频说“再见”，依依不舍；不少父母甚至数次返回，在窗前张望。这种做法只能使宝宝感到，一旦父母离开，自己在幼儿园里就会遇到不如意或倒霉的事情，否则父母为何如此放心不下？于是更对父母恋恋不舍，不愿迈进幼儿园的大门。

年龄幼小的宝宝初入园时难免会产生焦虑感。父母帮助宝宝克服“焦虑感”的具体做法是：每天父母接宝宝回家之前，可以留在宝宝身边看着他玩一会儿，待玩够后，再领他回家。第二天，可陪宝宝在幼儿园再多待些时间，当宝宝渐渐地与幼儿园的老师及小朋友熟悉后，即使家长不和他在一起，他自己也会有充分的安全感。

家庭与幼儿园

父母是宝宝的第一任老师，这是毋庸置疑的事实。随着生活节奏的加快，宝宝越来越早地进入了幼儿园，真正意义上的老师来到他们的生活中，以后的时间里，不管是父母还是老师，在宝宝生活中的地位都是十分重要的。为了让宝宝有一个更好的教育环境和生活环境，家庭和幼儿园应该精诚合作，共同搭建一座金桥，让宝宝走上通往未来的路。

教育的一致性要求家园密切配合

尽管幼儿园没有太多的学习任务，但幼儿生活能力、学习能力和习惯的培养常常也会出“5+2=0”的现象。这就要求幼儿园和家庭密切配合。特别是生活习惯的培养更需要家园长期合作。不然就会出现这种现象，教师鼓励、引导、表扬、奖赏等各种办法试遍，宝宝终于可以自己吃饭了，但一个周末过后，宝宝又回到了原来的样子；或者，父母千辛万苦培养的好习惯，宝宝经过幼儿园几天的时间就消失殆尽了，原因为何？其中可能有家长的娇惯溺爱和老师的粗心，但更重要的是，教师和父母交流得不够清楚全面。家园之间不仅要交流宝宝达到了怎样的水平，更要交流在这个过程中各自所采取的方式和技巧；不仅要求是一样的，连要求孩子的过程也应是一样的。如果宝宝生活在大体一致的环境中，各种习惯的培养相对来说就会容易一些。

宝宝自身水平要求家园加强联系

通常学龄前的儿童尚不具备良好的语言表达能力，许多事情需要成人之间进行交流。父母很希望能了解到宝宝的点点滴滴，作为老师也希望能掌握宝宝更多的生活资料，以便为自己的教育行为提供参考。而两三岁的宝宝根本不可能将所有的事情都讲清楚，这就需要父母、老师能拉近彼此的距离，尽量多地交流宝宝的一些情况。

有时候宝宝对某些事物的理解可能会与事实有偏差，直接对宝宝的身心造成影响。如有些宝宝特别希望老师关注自己，甚至记得老师的每一句话，倘若老师因为某些原因没有给予足够重视的话，宝宝心里就极端痛苦，认为自己不被老师喜欢，不被老师重视，连续一段时间情绪低落，或者做出不当的行为吸引教师的注意等。作为教育者应尽量避免这种情况发生，但如果不幸发生了，而孩子又没有直接向老师表达自己的感受，通过家长与教师之间的深入交谈，则有可能会发现问题，并找到问题的答案，帮助宝宝渡过难关。

宝宝的个体差异要求家园详细交流

不管是兄弟姐妹还是孪生子，其性格在相似之外总还是存在差异，更何况没有任何血缘关系的孩子。对于教师来说，每个宝宝都是不同于别人的独特的个体。为了更好地选择适于宝宝的教育方式和方法，除了用自己的眼睛观察，用自己的头脑去思考外，还要用自己的耳朵去倾听宝宝的家人是如何评价宝宝、教育宝宝的，在他们的心目中，宝宝又是怎样的一种形象。父母及其他家人，也应该从老师嘴里尽量多获取有关宝宝的信息，了解宝宝不在自己身边的时候都是怎样生活的，他的心情是否愉快，对学习是否感兴趣，能否成功地与人交往等。

在宝宝的教育问题上，教师和家长总是或多或少地存在一些矛盾。父母和老师应该以客观的眼光，以坦诚的态度对待矛盾，在不断遇到矛盾、解决矛盾的过程中，为宝宝的成长搭建坚固的金桥，用教师和父母的双手和心血为宝宝的未来铺设一条平坦的道路。

如何面对宝宝的“入园综合征”

几乎所有的家长最初送宝宝进入幼儿园都要面对两大难题：哭闹和生病，被称为“入园综合征”。

从未离开过父母的宝宝，初次到一个完全陌生的环境和人群中生活，难免会产生不安全感，而且幼儿园护理方法与家庭护理方法存在着巨大差异，入园综合征由此产生。对宝宝来讲，入园综合征会随着宝宝对幼儿园的不安全感逐渐消除，对幼儿园的作息规则逐渐适应后自然好转。父母对宝宝入园综合征的心理承受力和态度，在很大程度上决定了入园综合征的持续时间。所以，父母在宝宝入园前不仅要调整好宝宝的心理和生理状态，同时也要调整好自己的心理状态。

入园第一周

（1）哭闹。2~3岁宝宝年龄较小，正是分离焦虑表现较明显的时期，因此，宝宝入园难免有哭闹现象。但宝宝这时的注意力也容易转移，在教师组织活动的情况下，宝宝的哭闹现象会有所好转。宝宝思维的另一个特点是直觉形象性，看到家长（不只是自己的家长）便会想家、想爸爸妈妈。为避免刺激宝宝，家长送完孩子后即可离去，教师会用适当的方法转移宝宝的注意力，使之融入幼儿园的生活中。若是妈妈舍不得宝宝，宝宝一哭，妈妈就妥协让步，很可能使宝宝形成不良的习惯，久而久之，哭就成了要挟妈妈的手段。如果是这样，宝宝的分离焦虑不但不能很好地解决，反而有可能加重。当然，妈妈听着宝宝的哭声走出幼儿园大门也是一件痛苦的事情，因此，妈妈自己首先应克服这种与宝宝分离的焦虑状态。

（2）交流。对于初入园的宝宝，妈妈总是特别担心，回家后总是问长问短，这时妈妈要尽量多讲一些正面的话题，如在幼儿园里有什么高兴的事情啊，和小朋友们玩过哪些好玩的游戏啊，讲一讲班里有意思的故事等。应该避免问宝宝是不是受委屈了，是不是想妈妈了等。因为宝宝本来就觉得离开父母受了很大的委屈，再一强化，很可能使宝宝伤心备至，更对幼儿园产生逆反心理。

（3）“我不去幼儿园”。刚入园的前一两周，宝宝可能会对幼儿园产生抵触情绪，还可能身体不适，不愿去幼儿园。这时父母要密切观察宝宝身体、情绪等各方面的变化，但不要轻易给宝宝请假，在宝宝面前应表现出坚决要求他去幼儿园的态度。一般来说，宝宝会在20天左右的时间内适应幼儿园生活。

（4）惊醒。新入园的宝宝可能会出现梦中惊醒的现象。这主要是由于宝宝进入新的环境，因陌生感和不安全感而造成身体、心理上的不适应。父母要尽量给宝宝心理上的安慰，让宝宝有安全感，引导宝宝发现幼儿园的乐趣，帮助他们亲近班里的老师和小朋友，对老师有信赖感。宝宝对新环境熟悉之后，这种现象会逐渐消失。

入园第一个月

（1）饮食。目前，各幼儿园制定食谱时，都经过了营养计算，但新入园的宝宝可能有不喜欢的食物，加上尚未适应幼儿园的生活，可能会

“上火”。父母要注意给宝宝多喝水、多吃水果。

（2）生病。初入园，宝宝由于心理不适应，情绪不稳定，会造成免疫力下降，部分宝宝入园一个月左右，体重会有所下降，也可能会出现不同程度的病状。只要不是非常严重，均属正常现象，家长和老师要多沟通，加强生活护理和宝宝心理的调适，一般会很快好起来的。

家园联系

宝宝进入幼儿园是人生旅途上第一次受挫折时期，宝宝心理、生理均会受一定的影响，这时家园联系就显得特别重要。妈妈要尽量多与教师交流宝宝在家的生活习惯、兴趣爱好、性格特点、能力水平等，以便教师尽快了解孩子，采用适当的教育方法。同时，父母也要详细地了解宝宝在园里的生活情况，以便回家后有的放矢地对宝宝进行照顾。